CB060738

HERMÈS

ADMINISTRAÇÃO REGIONAL DO SENAC NO ESTADO DE SÃO PAULO

Presidente do Conselho Regional: Abram Szajman
Diretor do Departamento Regional: Luiz Francisco de A. Salgado
Superintendente Universitário e de Desenvolvimento: Luiz Carlos Dourado

EDITORA SENAC SÃO PAULO

Conselho Editorial: Luiz Francisco de A. Salgado
　　　　　　　　　Luiz Carlos Dourado
　　　　　　　　　Darcio Sayad Maia
　　　　　　　　　Lucila Mara Sbrana Sciotti
　　　　　　　　　Luís Américo Tousi Botelho

Gerente/Publisher: Luís Américo Tousi Botelho
Coordenação Editorial: Verônica Pirani de Oliveira
Prospecção: Dolores Crisci Manzano
Administrativo: Marina P. Alves
Comercial: Aldair Novais Pereira

Edição de Texto: Janaina Lira
Preparação de Texto: Denise Camargo
Coordenação de Revisão de Texto: Marcelo Nardeli
Revisão de Texto: Mayra Bosco
Coordenação de Arte: Antonio Carlos De Angelis
Editoração Eletrônica: Sandra Regina Santana
Coordenação de E-books: Rodolfo Santana
Impressão e Acabamento: Maistype

Título original: *Little book of Hermès*
Design e layout: © Welbeck Non-Fiction Limited, 2024
Texto: © Karen Homer, 2024

Dados Internacionais de Catalogação na Publicação (CIP)
(Simone M. P. Vieira – CRB 8ª/4771)

Homer, Karen
　Hermès / Karen Homer; tradução de Eloise De Vylder. – São
Paulo : Editora Senac São Paulo, 2024.

　Bibliografia.
　ISBN 978-85-396-4621-0 (Impresso/2024)
　e-ISBN 978-85-396-4649-4 (ePub/2024)
　e-ISBN 978-85-396-4620-3 (PDF/2024)

　1. Moda　2. Vestimenta　3. Alta-costura　4. Hermès　I. Título.

24-2132r　　　　　　　　　　　　　　　　　CDD – 391
　　　　　　　　　　　　　　　　　　　　　　　391.6
　　　　　　　　　　　　　　　　　BISAC CRA009000
　　　　　　　　　　　　　　　　　　　　DES005000

Índice para catálogo sistemático:
1. Moda　391
2. Estilo de vestir : Moda : Costumes　391.6

Todos os direitos reservados à:
Editora Senac São Paulo
Av. Engenheiro Eusébio Stevaux, 823 – Prédio Editora
Jurubatuba – CEP 04696-000 – São Paulo – SP
Tel. (11) 2187-4450
editora@sp.senac.br
https://www.editorasenacsp.com.br

Edição brasileira: © Editora Senac São Paulo, 2024

Este é um livro de não ficção e de referência. Todos os nomes, empresas, marcas registradas, marcas de serviço, nomes comerciais e locais são citados apenas para fins de identificação, revisão editorial e orientação. Esta obra não foi patrocinada, apoiada ou endossada por qualquer pessoa ou entidade.

HERMÈS

KAREN HOMER

TRADUÇÃO: ELOISE DE VYLDER

EDITORA SENAC SÃO PAULO – SÃO PAULO – 2024

SUMÁRIO

NOTA DO EDITOR 5
INTRODUÇÃO 7
PRIMEIROS ANOS 11
NOVA GERAÇÃO 19
EXPANSÃO CAUTELOSA 37
BOLSAS 55
LENÇOS 79
ARISTOCRATAS E CELEBRIDADES 95
A EVOLUÇÃO DA MODA 115
ÍNDICE 158
CRÉDITOS 160

NOTA DO EDITOR

Um dos grandes nomes do mercado de luxo mundial, a Hermès, desde 1837, mantém um compromisso resoluto com a excelência de seus produtos, dos materiais aos designs e à confecção de suas peças, combinando habilidades artesanais meticulosas com uma compreensão profunda dos desejos de seus clientes.

E é um pouco disso tudo que a historiadora Karen Homer traz neste livro. Ela narra a história de quase dois séculos de sucesso da Hermès, partindo dos anos iniciais, quando a maison era um ateliê de artigos equestres, para depois abordar as mudanças trazidas pelas novas gerações na direção da empresa. A autora trata, ainda, da modernização do portfólio, que inclui bolsas, malas, lenços, vestuário, joias, perfumes, relógios, entre outros produtos, bem como da expansão global das lojas, com suas reconhecidas vitrines e um sofisticado design de interiores. Por fim, apresenta curiosidades sobre os acessórios mais emblemáticos, como as bolsas Kelly e Birkin e os renomados *carrés* de seda, seu público repleto de celebridades e a evolução da moda dentro da marca, incluindo os principais diretores criativos que passaram por lá.

Imbuído do mesmo espírito empreendedor e inovativo, o Senac São Paulo publica esta obra visando apresentar um pouco desse universo para estudantes, profissionais e aficionados do tema. Esperamos que ela seja uma fonte de inspiração e conhecimento para todas as pessoas interessadas em moda e na trajetória de marcas consagradas do setor.

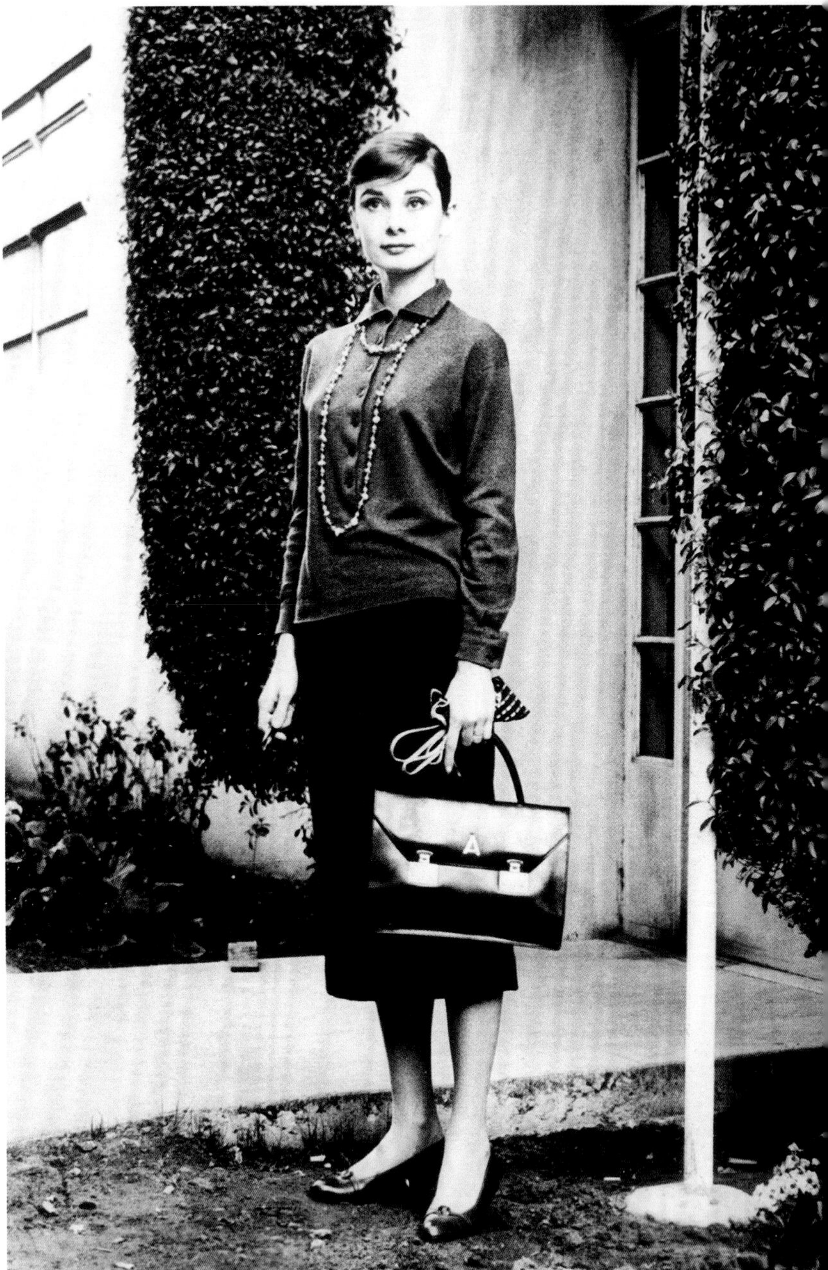

INTRODUÇÃO

"Acho que os artigos da Hermès são cobiçados porque reconectam as pessoas à sua humanidade... Nosso cliente sente a presença do artesão que criou o objeto, e ao mesmo tempo esse objeto devolve a ele sua própria sensibilidade, porque proporciona prazer por meio dos sentidos."
Pierre-Alexis Dumas, *businessoffashion.com*

Em 1837, quando Thierry Hermès começou a produzir artigos de selaria, arreios e rédeas, prometeu que o nome Hermès sempre estaria associado ao uso dos melhores materiais, confeccionados pelos artesãos mais talentosos. Essa filosofia continuou por seis gerações, e ainda hoje a Hermès usa os couros mais raros, as sedas mais requintadas e os tecidos naturais mais macios em suas roupas e acessórios. Cada bolsa é costurada à mão, com o mesmo ponto original antes usado nas selas; cada lenço é serigrafado meticulosamente e enrolado à mão; e o atual responsável da família pela marca e diretor criativo, Pierre-Alexis Dumas, assina pessoalmente todos os produtos Hermès. Esse compromisso inegociável com a qualidade transformou a Hermès em uma marca de luxo única no mundo da moda.

AO LADO: Audrey Hepburn carrega a bolsa estilo maleta, com suas iniciais, criada pela Hermès exclusivamente para a atriz, em várias cores, em 1956.

AO LADO:
A Hermès é um nome que evoca as roupas e os acessórios mais luxuosos, como este conjunto fluido em seda turquesa vibrante, com um turbante glamouroso, desenhado por Jean Paul Gaultier para a coleção primavera/verão 2008.

É impossível falar da Hermès sem considerar seus acessórios mais icônicos. Não só as cobiçadas bolsas Birkin e Kelly, ou as edições limitadas de seus lenços de seda estampados, mas também o relógio de pulseira dupla e a pulseira Collier de Chien tiveram um papel importante na criação de uma mitologia adequada para uma marca que leva o nome do deus grego associado a viagens e riqueza.

Nos últimos anos, as roupas prêt-à-porter tornaram-se uma parte cada vez mais importante da casa, especialmente a partir de 1997, quando, primeiro, Martin Margiela e, depois, Jean Paul Gaultier foram incumbidos de posicionar melhor a Hermès no mundo da alta moda. Desde a saída de Gaultier em 2010, tanto Christophe Lemaire quanto Nadège Vanhee-Cybulski, atual diretora de moda feminina, deram continuidade à tradição de criar roupas que representam o ápice do vestir luxuoso, com preços condizentes. E é igualmente importante reconhecer a contribuição de Véronique Nichanian, estilista de moda masculina da casa há mais de três décadas.

Ao contrário de muitos concorrentes, a Hermès tem resistido a ofertas de aquisição de suas rivais e continua sob controle familiar – algo que é essencial para manter seus altos padrões de produção. Da mesma forma, suas muitas lojas no mundo são monitoradas de perto para garantir que atinjam a qualidade de design e apresentação que a Hermès representa, enquanto permanecem atentas aos mercados locais. E, com uma estratégia de marketing que supera todas as outras, a Hermès tornou seus produtos tão exclusivos que não é preciso presentear famosos para que os divulguem; em vez disso, celebridades imploram para ter seus nomes na lista de espera para comprar uma bolsa Birkin feita sob medida. Os meros mortais podem apenas sonhar em um dia ter uma caixa laranja para chamar de sua.

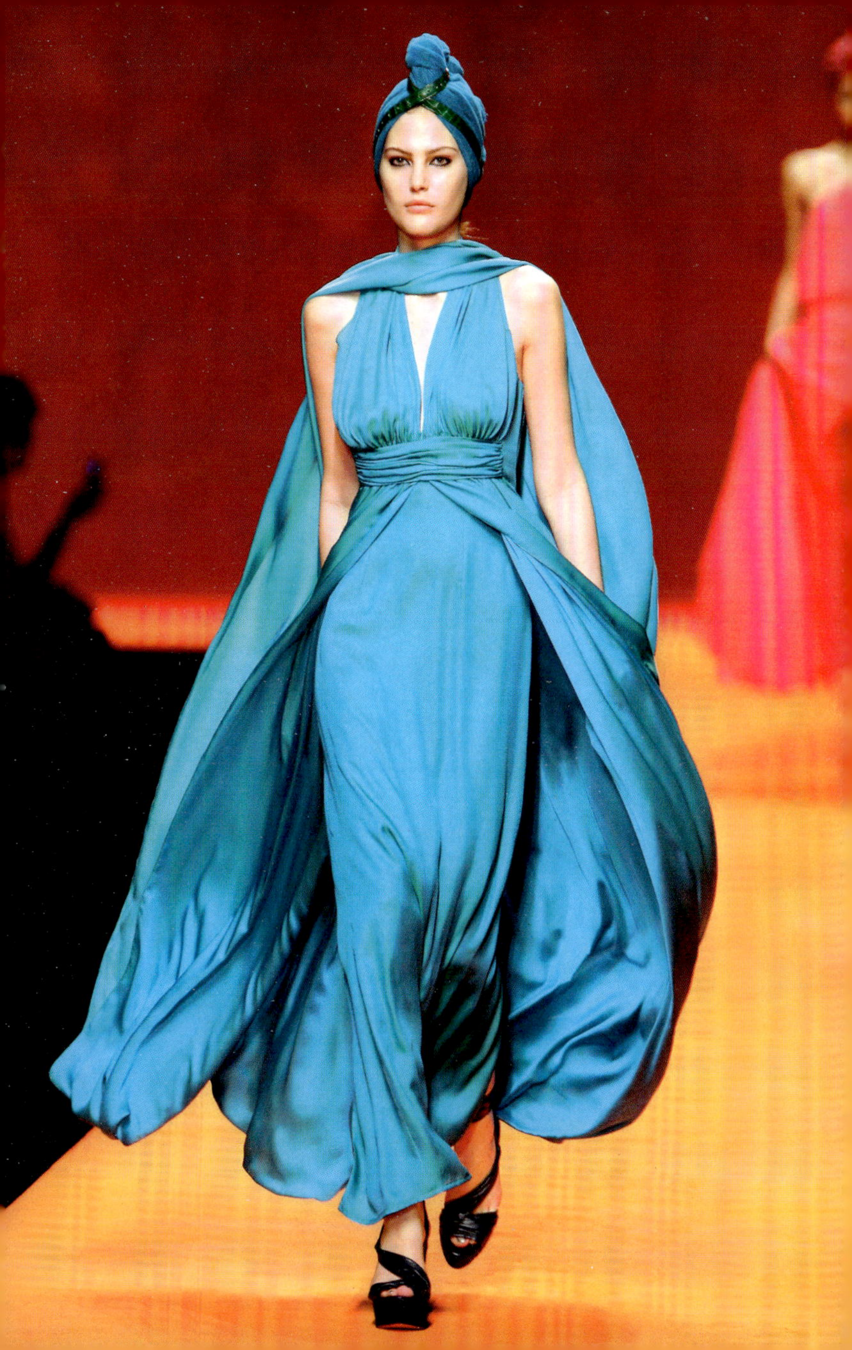

PRIMEIROS ANOS

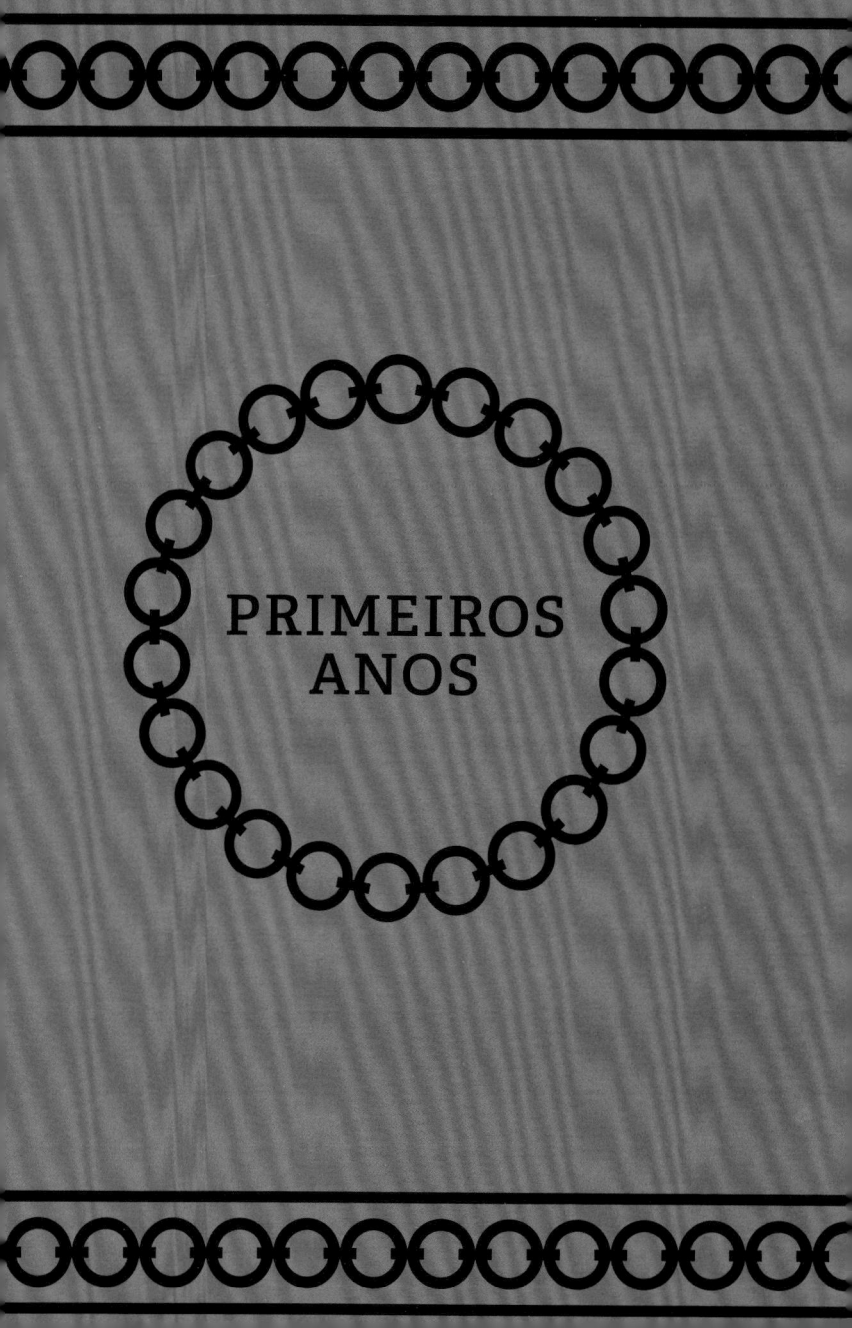

HERMÈS

**SELLIER
24, Faub. St-Honoré
PARIS**

**ALGER — BIARRITZ
CANNES — CHANTILLY
PAU — SAINT-CYR
SAUMUR**

INÍCIO HUMILDE

Thierry Hermès nasceu em 1801, no que hoje é a cidade de Krefeld, na Alemanha. Na época, a cidade estava sob o controle de Napoleão Bonaparte, o que o tornou um cidadão francês. A cidade era renomada por sua indústria têxtil e conhecida como *stadt wie samt und seide* ou "cidade do veludo e da seda".

Em 1821, depois de perder a maior parte da família para doenças e as guerras napoleônicas, Thierry se mudou para a cidade de Pont-Audemer, na Normandia, onde aprendeu a arte de *sellier--harnacheur*, ou fabricante de selas e arreios, com a família Pleumer, que o empregou em seu negócio.

Em 1828, Thierry Hermès casou-se com Christine Pétronille Pierrat e, em 1831, teve seu primeiro filho, Charles-Émile, que o sucederia nos negócios. A família se mudou para Paris e, em 1837, Thierry usou suas habilidades e criou sua própria empresa de artigos de equitação na Rue Basse-du-Rempart, onde fabricava freios, arreios e acessórios para carruagens tanto em couro quanto em ferro forjado, tornando-se famoso sobretudo pela costura excepcionalmente forte das selas, que era feita à mão, usando duas agulhas para trabalhar

AO LADO: Antiga propaganda da Hermès de 1920, mostrando a figura icônica de uma melindrosa rodeada por seus acessórios da marca, incluindo bolsa, lenço e espelho de maquiagem.

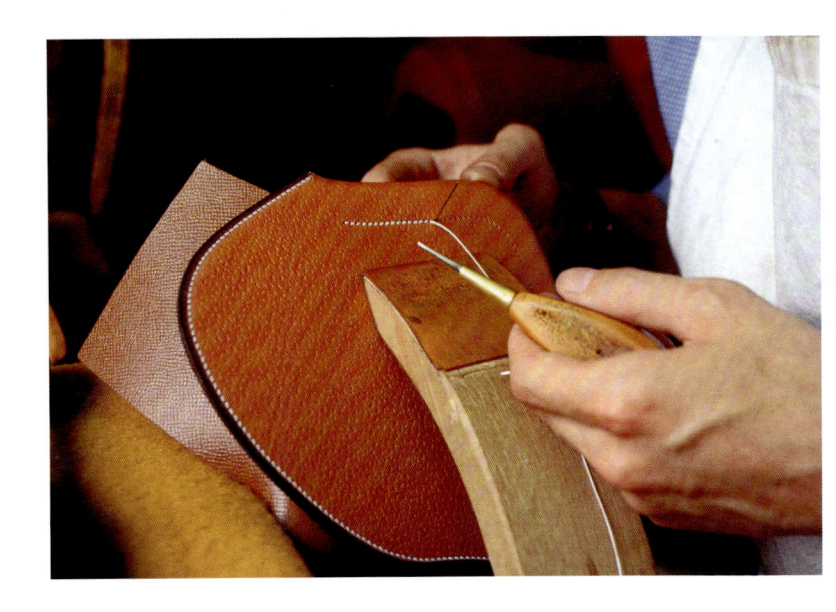

ACIMA: Artesão trabalha em uma mala Hermès usando a costura de sela excepcionalmente forte criada por Thierry Hermès e ainda hoje utilizada pela marca.

AO LADO: Uma bolsa Birkin contemporânea, de 2009, em lona com acabamento em couro e fecho dourado.

dois fios de linho encerados, tensionados em oposição. Esse método único de costura, no qual um ou mais fios podem se romper, mas o restante permanecerá firme, ainda é usado pela Hermès para produzir suas bolsas.

Em uma época em que os cavalos eram essenciais em todos os aspectos da vida, como o trabalho, o esporte e as viagens, a qualidade dos artigos da Hermès atraíam uma clientela abastada, que incluía a imperatriz Eugênia, esposa de Napoleão III. A habilidade de Thierry Hermès era tanta que, em 1855, conquistou a primeira de várias medalhas de design na Exposition Universelle, em Paris. Sua reputação continuou crescendo e, em 1867, ganhou outra série de medalhas por sua capacidade técnica e artesanal, bem como design inovador.

Thierry Hermès morreu em 1878, mas seu filho Charles-Émile, que começara a trabalhar na empresa em 1859, estava preparado para assumir o comando. Como o pai, Charles-Émile se dedicou a

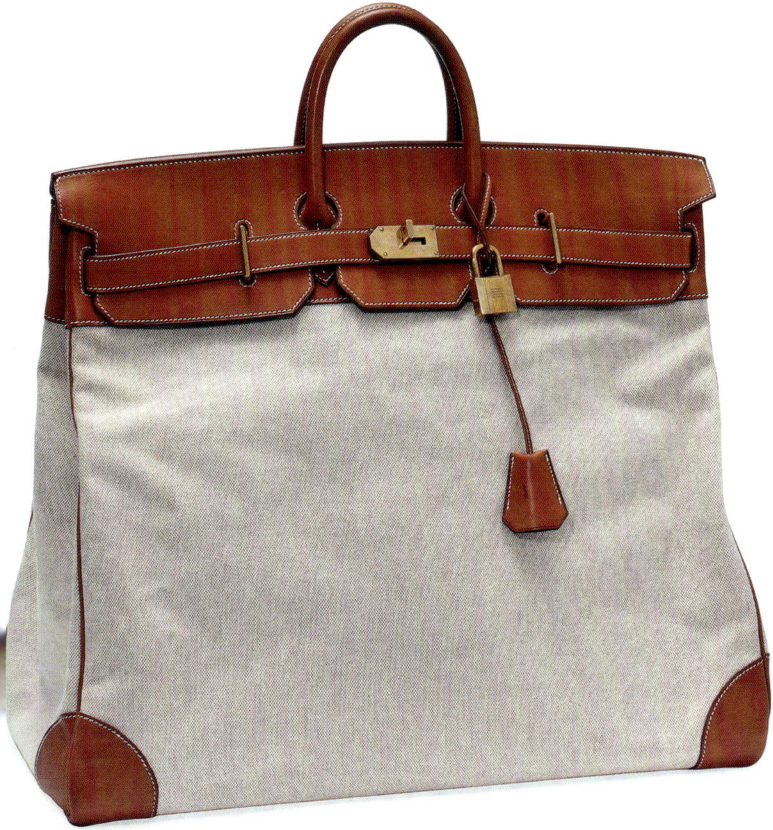

JUILLET 1931

HERMÈS

PARIS : 24, F^G S^T-HONORÉ - NEW YORK : 1 EAST 53RD STREET
BIARRITZ   CANNES   CHANTILLY   SAUMUR

AO LADO: Propaganda da Hermès de 1930, enfatizando o glamouroso estilo transatlântico da *socialite* que prefere viajar com as malas da marca.

ABAIXO: Uma antiga sela feita pela Hermès, exibida na mostra itinerante Hermès Heritage, em 2017.

garantir que os produtos da Hermès tivessem a melhor qualidade do mercado. Ele acrescentou a selaria ao catálogo da empresa, ampliando sua clientela, e isso, junto com os arreios e as rédeas leves e funcionais, ajudou a companhia a crescer. Logo a Hermès estava atraindo clientes de toda a Europa, inclusive da Rússia, e de lugares mais distantes, como os Estados Unidos e partes da Ásia.

À medida que a empresa se expandia, aumentava a necessidade de mais espaço e de uma loja em um local de maior prestígio. Em 1880, Charles-Émile Hermès mudou o ateliê e a loja para a Rue du Faubourg Saint-Honoré, onde ela permanece até hoje. Charles-Émile trabalhou ao lado de seus dois filhos, Adolphe e Émile, até se aposentar em 1902. Uma de suas últimas criações, desenhada em colaboração com os filhos, foi a bolsa grande e resistente batizada de Haut à Courroies. Criada para cavaleiros que precisavam carregar selas e botas, ela foi a ancestral das bolsas Hermès hoje tão cobiçadas.

PRIMEIROS ANOS 17

NOVA
GERAÇÃO

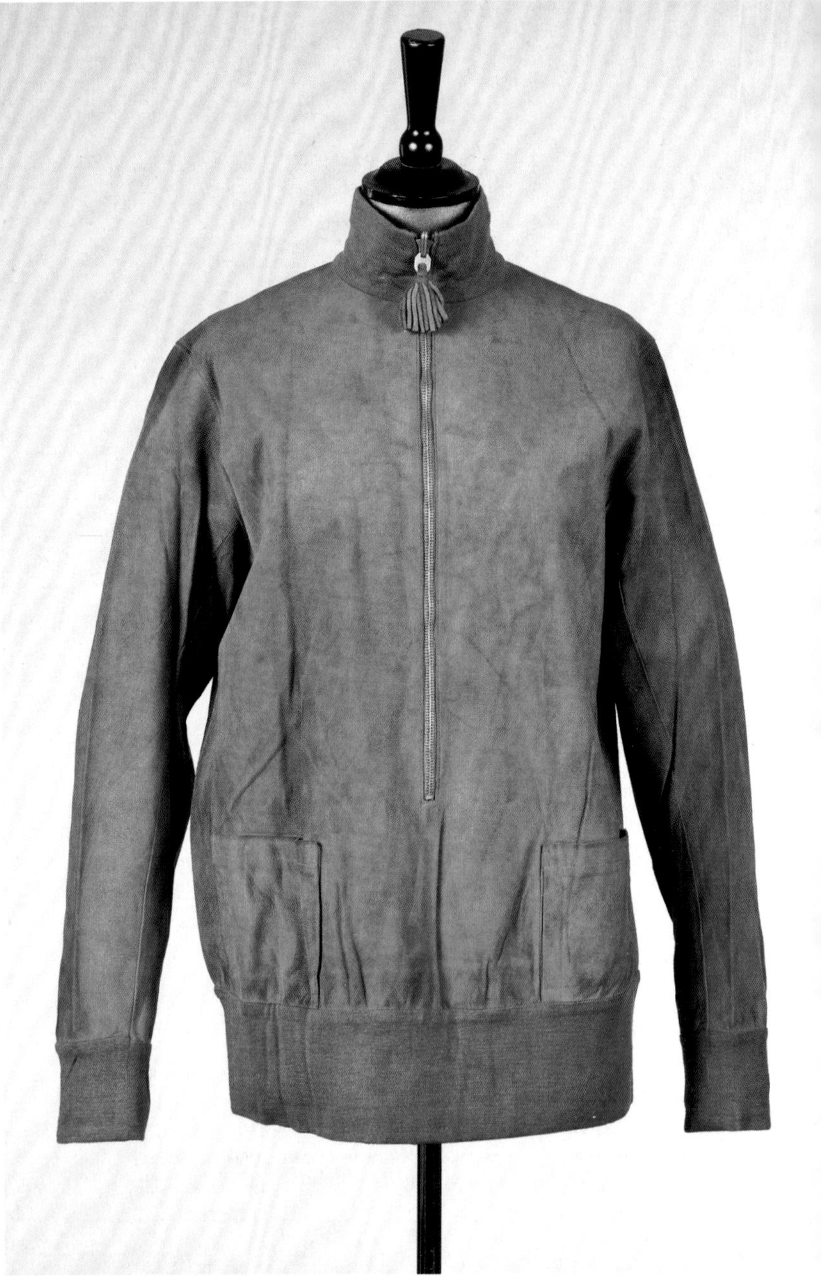

HERMÈS FRÈRES

Uma das primeiras coisas que Émile e seu irmão Adolphe fizeram ao assumir a empresa do pai foi rebatizá-la de Hermès Frères (ou Irmãos Hermès). A mudança coincidiu com a transferência da loja para a Rue du Faubourg Saint-Honoré, em Paris, um local impressionante que fazia jus à reputação da Hermès como uma empresa artesanal de elite.

As selas ainda eram o principal artigo fabricado pela marca, e a clientela da Hermès já se estendia pelo mundo todo. Contudo, em uma viagem aos Estados Unidos, Émile percebeu que a empresa precisava se expandir se quisesse prosperar na era moderna. Em um encontro com o magnata dos automóveis Henry Ford, visitou as fábricas do norte-americano. Bastante impressionado com a eficiência delas, Émile levou consigo o modelo e, em 1914, já tinha oitenta artesãos trabalhando no ateliê de selas da Hermès, conseguindo atender a mais pedidos sem comprometer a qualidade dos produtos.

AO LADO: Em uma visita aos Estados Unidos e ao Canadá em 1914, Émile Hermès, membro da terceira geração da família a assumir a empresa, descobriu um novo e instigante mecanismo de fecho: o zíper. Ele levou o design para a França e conseguiu uma patente que permitiu a Hermès ser uma das primeiras marcas a produzir roupas como este blusão esportivo de camurça marrom dos anos 1930.

AO LADO:
Propaganda antiga da coleção de malas da Hermès, todas desenhadas de forma compacta para caber nos automóveis que então surgiam.

No Canadá, a segunda parte de sua viagem, Émile descobriu um intrigante mecanismo para fechar o teto de lona de seu Cadillac conversível: o zíper. Entusiasmado com as possibilidades de usar o zíper em suas próprias criações, Émile levou a invenção para a França e entrou com um pedido de patente de dois anos por seu uso exclusivo. Ele percebeu que formas mais modernas e rápidas de viajar demandavam acessórios de couro e roupas de todo tipo, bem como um mecanismo de fechar mais eficiente para manter a bagagem e as jaquetas seguras. Assim nascia o "Fecho Hermès", como ficou conhecido na França, graças aos direitos exclusivos que a companhia tinha para usá-lo.

Diferentemente dos zíperes planos que conhecemos hoje, essa versão era arredondada e sinuosa como uma cobra, e o original ainda hoje está guardado no Museu Hermès. Ele apareceu pela primeira vez em uma jaqueta de golfe criada em 1918 para Eduardo, Príncipe de Gales, o príncipe elegante e *playboy* que mais tarde, já como Eduardo VIII, abdicou do trono da Inglaterra em nome de sua querida Wallis Simpson, ela própria uma grande fã da Hermès. O zíper foi bastante admirado, e há rumores de que o design engenhoso impressionou tanto Gabrielle "Coco" Chanel que ela enviou seus artesãos para a Hermès para aprender como usá-lo.

No final da Primeira Guerra Mundial, ficou claro que o mundo estava mudando. Os cavalos não eram mais tão importantes como antes, e a era do automóvel despontava no horizonte. Adolphe Hermès relutava em expandir a produção para além dos artigos de equitação tradicionais da companhia, mas Émile estava determinado a olhar para o futuro. Assim, em 1919, Émile comprou a parte de Adolphe na empresa familiar. A Hermès ainda atendia às necessidades de cavaleiros vendendo-lhes selas bonitas e luxuosas, mas novos produtos já estavam a caminho.

Uma das colaborações se deu com o fabricante de carros francês Ettore Bugatti. Cliente da Hermès desde antes da guerra, da qual ele havia comprado selas e arreios, Bugatti encomendou uma mala em couro amarelo para combinar com seu primeiro Bugatti Royale, em 1920.

HERMÈS
PARIS
BIARRITZ - CANNES - DEAUVILLE
MONTE-CARLO

POUR VOS VOYAGES

Encomendas posteriores incluíram uma mala que foi a precursora da Hermès Bolide. A colaboração centenária entre a Bugatti e a Hermès continua até hoje na forma de um dos carros mais exclusivos do mundo, o Hermès Bugatti Chiron. Entre outros nomes famosos que endossaram a Hermès por sua expertise em design estavam o arquiteto modernista Le Corbusier, que admirava a simplicidade elegante das novas malas, e o designer de interiores Jean-Michel Frank, que contratou a Hermès para revestir as paredes de sua casa com couro bege-claro, imitando pedra.

Ao longo dos anos seguintes, Émile, em parceria com seu genro Robert Dumas-Hermès (que acrescentou Hermès ao seu nome ao entrar para a empresa), transformou a Hermès, de uma pequena empresa artesanal parisiense, em uma incipiente marca de luxo mundial; e, em 1922, a companhia começou a vender uma variedade de bolsas. Antes disso, a única que a Hermès havia produzido era a bolsa de sela básica Haut à Courroies, porém, quando a esposa de Émile pediu que ele fizesse uma bolsa para ela, o marido desenhou uma versão menor e mais refinada que imediatamente se popularizou. Três anos mais tarde, em 1925, a Hermès lançou uma variedade de malas de viagem. Usando o novo mecanismo de zíper, a coleção estava perfeitamente alinhada ao momento de explosão das viagens da elite social tanto por trem quanto por transatlânticos a vapor. Novas lojas foram inauguradas em resorts franceses ao longo da Côte d'Azur, destino de férias preferido por ricos e famosos; e,

ABAIXO: Nos anos 1920, Émile Hermès percebeu que os cavalos logo seriam substituídos pelos automóveis como meio de transporte. Uma das primeiras colaborações entre a Hermès e uma fabricante de automóveis foi uma série de malas para o Bugatti Royale.

em 1929, a marca lançou uma linha de roupas cuidadosamente elaborada. Nos anos 1930, um acordo com a loja de departamento Neiman Marcus, em Nova York, ofereceu a Hermès seu primeiro ponto de vendas nos Estados Unidos.

A expertise da Hermès em trabalhar com o couro levou à criação de outros acessórios que continuam sendo produzidos ainda hoje, como a linha Collier de Chien. Traduzida como "coleira de cachorro", foi feita pela primeira vez em 1923 como encomenda para o buldogue de uma cliente, mas o estilo art déco do couro com tachas tinha tanto apelo que logo as mulheres começaram a usá-la como cinto. Em 1927, a Hermès produziu oficialmente o cinto Collier de Chien e, nos anos 1940, foi criada a pulseira da mesma linha, que ainda é bastante vendida. A pulseira tem o anel central "O", que serviria para prender a guia do cachorro na coleira, cercado por tachas em formato piramidal.

ABAIXO: O interior de uma loja da Hermès em Paris no começo dos anos 1940.

Os relógios também apareceram no fim dos anos 1920. O primeiro deles, de acordo com a lenda da família Hermès, foi criado por Émile em 1912 para sua filha, cujo relógio de bolso vivia caindo no chão. Durante anos, os relógios tiveram um papel pequeno entre os acessórios da Hermès, geralmente com motivos equestres como um estribo ou uma simples pulseira com costura de sela. Só 50 anos mais tarde foi que a Hermès entrou seriamente no mercado de relógios de luxo, quando abriu sua fábrica de relógios na Suíça.

ACIMA: Os interiores elaborados das lojas da Hermès, como este da década de 1950, refletiam a clientela rica e aristocrática que a maison atraía.

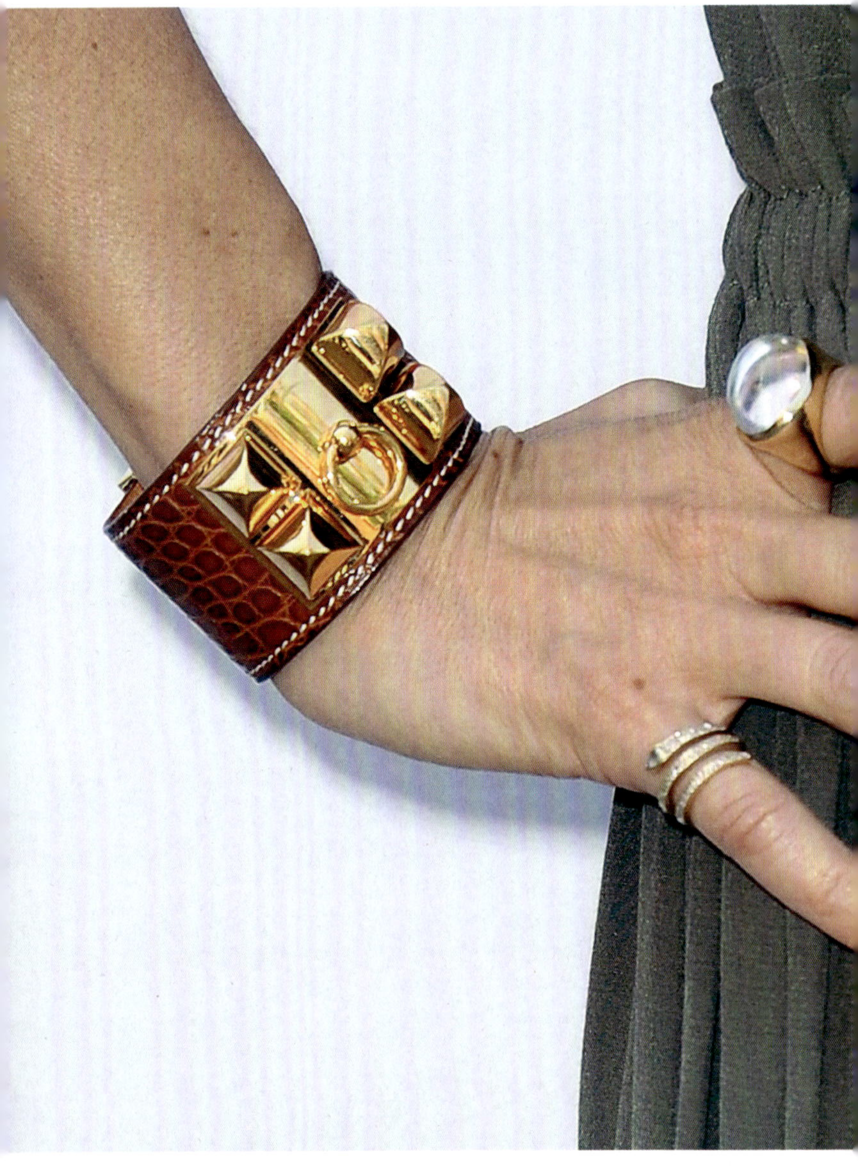

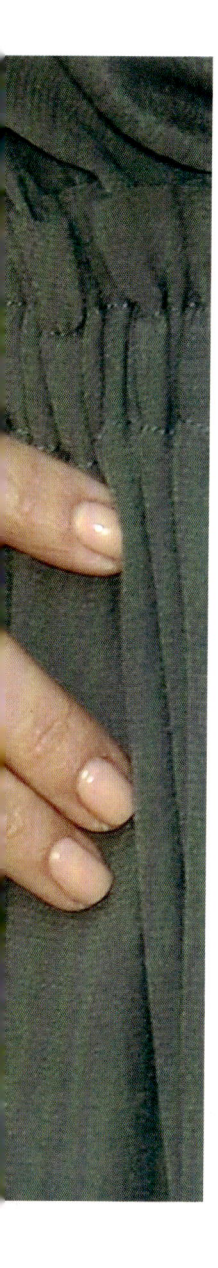

Outras criações icônicas também foram lançadas nessa época. Em 1935, veio a Sac à Dépêches, que, em 1956, seria renomeada de bolsa Kelly, e continua sendo um dos itens mais cobiçados da marca até hoje. Em 1937, sob a supervisão criativa de Robert Dumas-Hermès, a empresa começou a produzir sua própria linha de lenços de seda, ou *carrés*, como são conhecidos. Muitas das estampas dos lenços foram inspiradas em uma coleção interessante e às vezes estranha de artefatos e livros que o sogro de Robert, Émile, vinha montando desde a adolescência e que acabou chegando aos milhares de itens. A arte e a literatura sempre tiveram um papel relevante nas criações da Hermès e, junto à sua tradição equestre, ainda são usadas com frequência nas estampas atuais.

A linha de joias Chaîne d'Ancre foi outra inspiração de Robert Dumas-Hermès. Nos anos 1930, ele costumava desenhar enquanto passeava à beira-mar, e escolheu a imagem de uma âncora para criar uma pulseira que, desde então, inspirou uma linha completa de colares, anéis, brincos e até mesmo sandálias. Dumas-Hermès continuou aprimorando a estética do design da marca em acessórios como gravatas e cintos, bem como supervisionando a linha de lenços, pela qual tinha grande afeição, criando muito dos mais famosos designs que já existiram.

A CAIXA LARANJA

A distinta caixa laranja da Hermès é uma das embalagens de luxo mais reconhecidas do mundo e causa *frisson* em quem é presenteada com ela. Hoje, a caixa dobrável vem em aproximadamente 188 tamanhos diferentes, e, em 1994, ganhou um "Oscar" da embalagem. Sua origem, curiosamente, foi incidental. Fabricadas, inicialmente, em papelão creme

À ESQUERDA: Uma versão moderna da icônica pulseira Collier de Chien, estilo art déco, em couro com tachas em formato piramidal e um anel no centro que, em uma coleira de cachorro, serviria para prender a guia.

ABAIXO: O logotipo da Hermès, com uma carruagem Duc, um cavalo e um cavaleiro de cartola, foi lançado nos anos 1950.

com um acabamento rugoso imitando pele de porco, as primeiras embalagens da Hermès tinham uma borda dourada ou marrom. No entanto, em 1942, durante a Segunda Guerra Mundial, a escassez do material original na cor creme fez com que Robert Dumas-Hermès tivesse de aceitar a única cor então disponível: o laranja. Até hoje, a Hermès usa esse tom de laranja como sua assinatura, uma cor que é exclusiva da marca e não é listada pela Pantone.

No início dos anos 1950, pouco depois da estreia da caixa, a Hermès decidiu criar um logotipo que remetesse à herança da marca. O design simples e elegante mostra uma carruagem Duc com um cavalo e um cavaleiro de cartola, geralmente acima do nome da companhia, na fonte Memphis Bold. Muitos concordam que o logo foi inspirado na pintura do século XIX *Le Duc Attelé, Groom à L'Attente*, "O cavalariço à espera", em tradução livre, do pintor francês Alfred de Dreux.

PERFUMES

No começo do século XX, Émile tinha acolhido na empresa da família não só seu genro Robert Dumas-Hermès, mas também o marido de sua filha Aline, o perfumista Jean-René Guerrand. A perfumaria era um caminho óbvio para expandir a marca, e, em 1950, Émile trabalhou com o mestre perfumista francês Edmond

ABAIXO: A icônica caixa laranja da Hermès, cobiçada no mundo todo, tem uma cor única que é usada apenas pela marca.

ABAIXO: Em 1950, a Hermès lançou seu primeiro perfume unissex, Eau d'Hermès, criado pelo mestre perfumista francês Edmond Roudnitska.

AO LADO: Em 1961, Jean-René Guerrand, genro de Émile Hermès e diretor de perfumaria de longa data da companhia, colaborou com o perfumista Guy Robert para criar o primeiro perfume feminino da Hermès, o Calèche.

Roudnitska – responsável por muitos das fragrâncias clássicas de meados do século XX – para lançar a Eau d'Hermès. A complexa fragrância unissex tem notas de fundo de couro e sândalo, que lembram o cheiro de uma bolsa Hermès nova, porém atenuado por notas verdes mais evidentes de bergamota, lavanda, limão, petitgrain e sálvia. O perfume foi lançado em 1951, mesmo ano em que Émile faleceu.

Guerrand assumiu o papel de diretor de perfumaria e, em 1961, colaborou com o perfumista Guy Robert para criar o primeiro perfume feminino da Hermès, o Calèche. Nove anos mais tarde, foi lançado o perfume masculino Equipage.

A Hermès sempre estabeleceu relações frutíferas com mestres perfumistas como Edmond Roudnitska e, em 2004 – em uma iniciativa inédita para uma marca de moda –, empregou o primeiro perfumista da maison. A contratação de Jean-Claude Ellena inaugurou uma nova era de sucesso para as fragrâncias da empresa. De 2004 a 2016, o próprio Ellena, fortemente influenciado por Roudnitska, seu mentor e amigo, criou 35 fragrâncias memoráveis para a Hermès. A primeira, Un Jardin en Méditerranée, foi inspirada no jardim da inimitável diretora de vitrines da Hermès, Leïla Menchari, e outras fragrâncias consideradas clássicos modernos incluem o perfume unissex Cuir d'Ange, que justapõe couro e anjos em seu nome, e Terre d'Hermès, a fragrância masculina mais vendida.

A Hermès difere de outras marcas de perfumes por nunca testar novas fragrâncias nem realizar pesquisa de mercado em grande escala antes do lançamento, preferindo, em vez disso, confiar

HERMÈS

Calèche d'Hermès.
Parfum de toilette en atomiseur

no critério do perfumista residente. A atual perfumista, Christine Nagel, explicou à perfumesociety.org:

"Quando você testa um perfume, muitas pessoas sentem o aroma e dão seu *feedback*, e depois você retira os extremos que desafiam as pessoas. Você terá um bom perfume – mas mediano, para o mercado de massas."

Assim como acontece com os acessórios, o critério do que tem qualidade suficiente para levar o nome da Hermès é determinado por um pequeno grupo de membros da família e especialistas ligados ao coração da liderança da empresa, em uma política que permitiu que a Hermès mantivesse a mais alta qualidade artesanal em todos os seus produtos.

A Hermès continuou abrindo lojas no mundo todo e manteve estáveis as vendas de roupas e acessórios, além de uma clientela fiel, graças à sua excelente reputação. Contudo, lá pelos anos 1970, a empresa começou a estagnar. Desafiada pelo crescimento de concorrentes que usavam materiais sintéticos inovadores, a Hermès ainda insistia em usar apenas os mais finos materiais naturais, assim, com os longos prazos de entrega de muitos dos seus acessórios, os ateliês nem sempre estavam totalmente ocupados. Foi só em 1978 que o filho de Robert Dumas-Hermès, Jean-Louis Dumas, assumiu a presidência e redirecionou a Hermès para uma trajetória ascendente.

AO LADO:
Jean-Claude Ellena, o "nariz" da Hermès, que, entre 2004 e 2016, criou 35 fragrâncias para a marca de artigos de luxo.

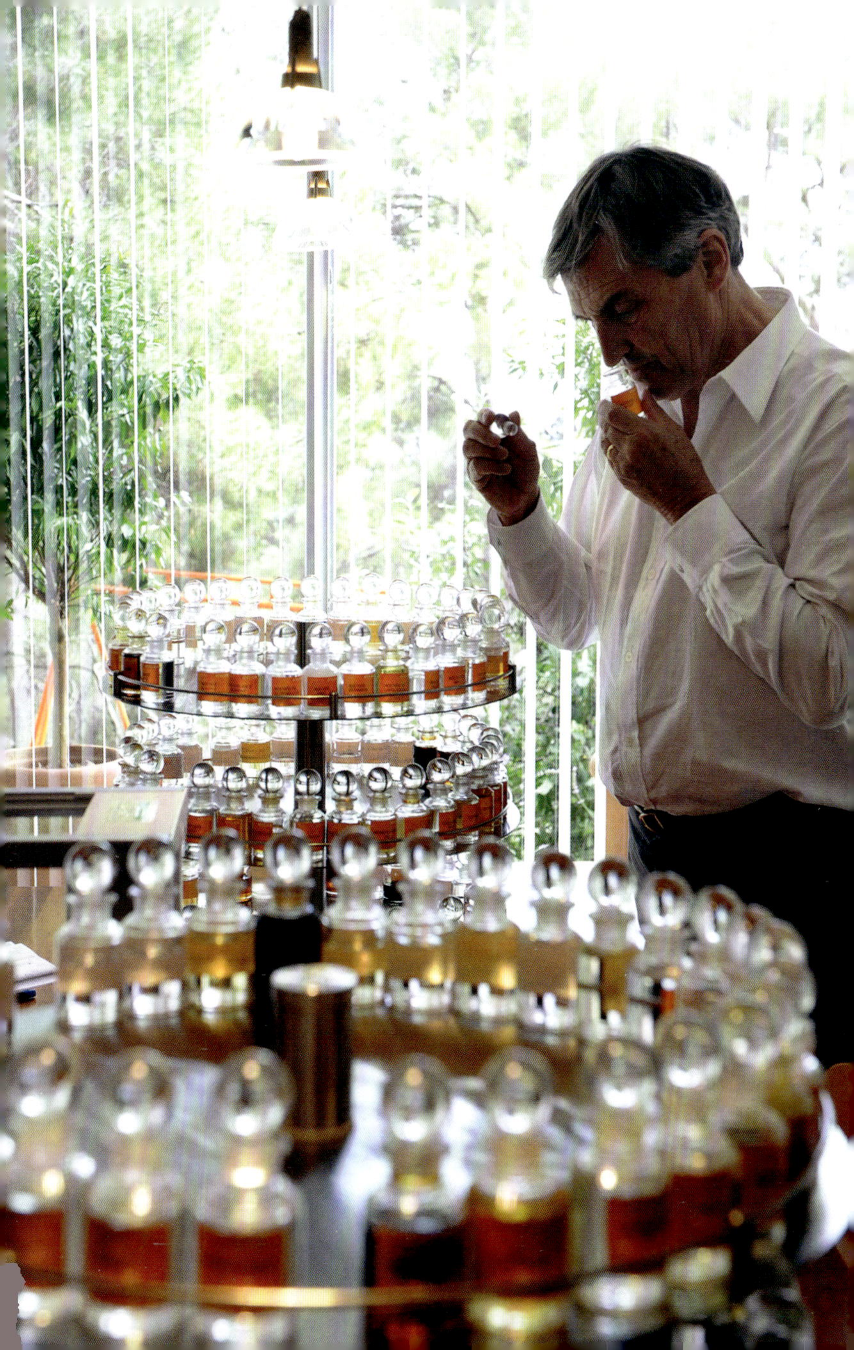

EXPANSÃO CAUTELOSA

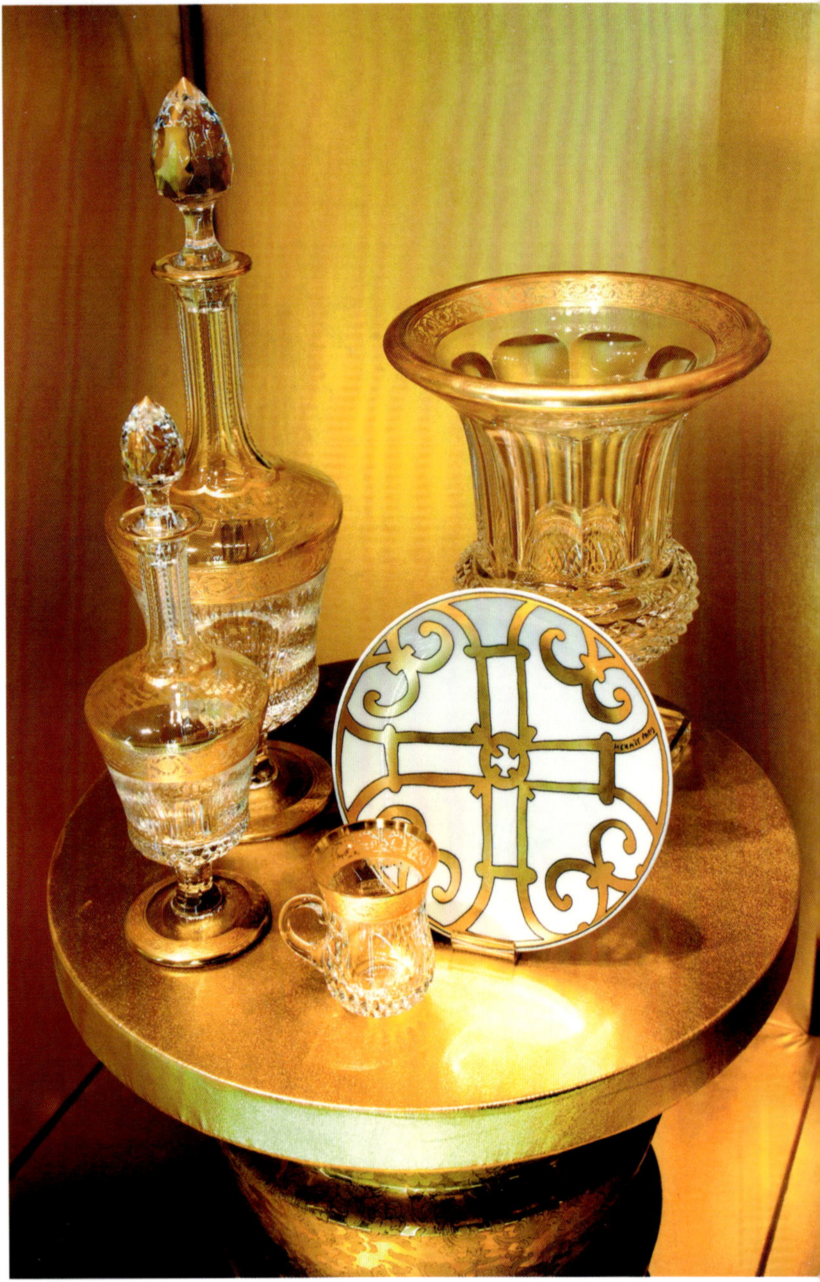

ART OF LIVING

"Não temos uma política de imagem,
temos uma política de produto."
JEAN-LOUIS DUMAS, *Vanity Fair*

Em 1978, Jean-Louis Dumas, o tetraneto de Thierry Hermès, assumiu como CEO da companhia, restabelecendo a linhagem familiar de descendentes diretos na chefia da empresa. Ao longo das três décadas seguintes, Dumas conduziria a Hermès a uma nova era de sucesso, modernizando a marca sem sacrificar sua herança tradicional ou seus valores superlativos de produção.

Quando Dumas tomou as rédeas da Hermès, a empresa estava estagnando. Clientes fiéis faziam pedidos, mas não o suficiente para manter a fábrica local em plena atividade. Dumas foi aconselhado a terceirizar a produção da Hermès para tornar o negócio mais vantajoso em termos financeiros, algo que ele se recusou terminantemente a fazer. Como seus antepassados, Dumas sabia que manter a produção sob sua supervisão atenta e meticulosa era essencial para garantir que a qualidade fosse mantida.

Dumas percebeu, porém, que era necessária alguma modernização, especialmente em relação à moda prêt-à-porter.

AO LADO: Cristais e louças de luxo da linha Art of Living da Hermès.

Então, em 1979, lançou uma campanha publicitária revolucionária, exibindo jovens parisienses modernas usando os lenços de seda da Hermès, não com as tradicionais roupas de alfaiataria, mas com jeans. Combinar o símbolo de elegância da alta sociedade da época, ou seja, o icônico lenço de seda da marca, com o jeans, que ainda era um tecido considerado inapropriado em muitos contextos, foi algo chocante, especialmente para a família estendida da Hermès que ainda tinha cargos na empresa. Dumas, no entanto, declarou à *Vanity Fair* em 2007 que "a ideia é sempre a mesma na Hermès, tornar a tradição viva ao sacudi-la".

Independentemente da opinião de alguns membros da diretoria, em poucos anos a Hermès começou a colher os frutos na forma de uma clientela nova e jovem. Como ele declarou em uma entrevista ao *New York Times* em 1986: "Os jovens vieram até nós mais do que nós fomos até eles. As pessoas enxergaram novamente, mas com novos olhos, a beleza dos materiais trabalhados por mãos habilidosas. Eles vieram. Nós seguimos".

A segunda estratégia que Dumas adotou para fazer a companhia crescer foi investir em empresas que ele admirava e que compartilhavam da filosofia artesanal da Hermès – uma prática que ele começou dois anos antes com a compra da tradicional fabricante de botas britânica John Lobb. Isso continuaria durante todo o período de Dumas na chefia da marca, tanto por meio de investimentos de alto perfil quanto pela compra de 35% da Jean Paul Gaultier em 1999, e outras aquisições estratégicas dentro do mercado de artigos de luxo, incluindo participações na Perrin & Fils, especialista em tecelagem, e na Vaucher, fabricante de peças para relógios finos de precisão.

Dumas posicionou a Hermès como uma marca que representava um estilo de vida luxuoso, que incluía desde artigos para casa até itens de moda e acessórios. Essa parte da empresa prosperou nas últimas décadas e agora oferece todo um conceito de design de interiores que inclui papéis de parede e móveis. Dumas continuou investindo em marcas de prestígio, como a Puiforcat, fabricante de artigos de prata,

À DIREITA:
Jean-Louis Dumas, que assumiu como CEO da Hermès em 1978.

e a Saint-Louis, de cristais, e desde 1984 os itens de mesa têm sido produzidos na própria fábrica da Hermès. O deslumbrante aparelho de jantar da Hermès, ainda hoje um dos pilares da linha Art of Living, surgiu de uma parceria de Dumas com o artista Robert Dallet, que retratava a vida selvagem. Dumas inicialmente encomendou uma série de estampas para lenços de seda e mais tarde uma série requintada de porcelana pintada com as criaturas do reino animal que inspiravam Dallet.

O começo dos anos 1980 também foi significativo para o destino da Hermès, quando Jean-Louis Dumas encontrou por acaso a atriz Jane Birkin em um avião. A cantora e atriz estava com dificuldade de colocar sua bolsa de vime no compartimento de bagagem, e seus pertences caíram no chão. Ao ouvir dela que não conseguia

ACIMA: A linha Art of Living da Hermès oferece todo um conceito de design, mostrado aqui em uma exposição no Museu Cooper Hewitt, em Nova York, em 1989.

AO LADO: Jane Birkin, para quem Jean-Louis Dumas criou a famosa bolsa Birkin.

encontrar uma bolsa adequada, Dumas ofereceu-se para projetar uma. O resultado foi, é claro, a lendária bolsa Birkin, lançada em 1984, o mais icônico e cobiçado dos acessórios da Hermès.

A estratégia de expansão de Dumas logo se reverteu no crescimento das vendas, de US$ 82 milhões para US$ 446.4 milhões entre 1982 e 1989. Em junho de 1993, a Hermès tomou a decisão de abrir capital na bolsa de Paris, liberando 19% das ações da companhia para venda. Foi o suficiente para gerar burburinho e receita, mas sem correr o risco de perder o controle da Hermès para investidores de fora da família. A iniciativa foi um grande sucesso, e os preços das ações subiram de forma rápida em uma época em que outras marcas de luxo mal se moviam.

A política da família Hermès de manter o controle da companhia nem sempre foi fácil, especialmente depois que as vendas começaram

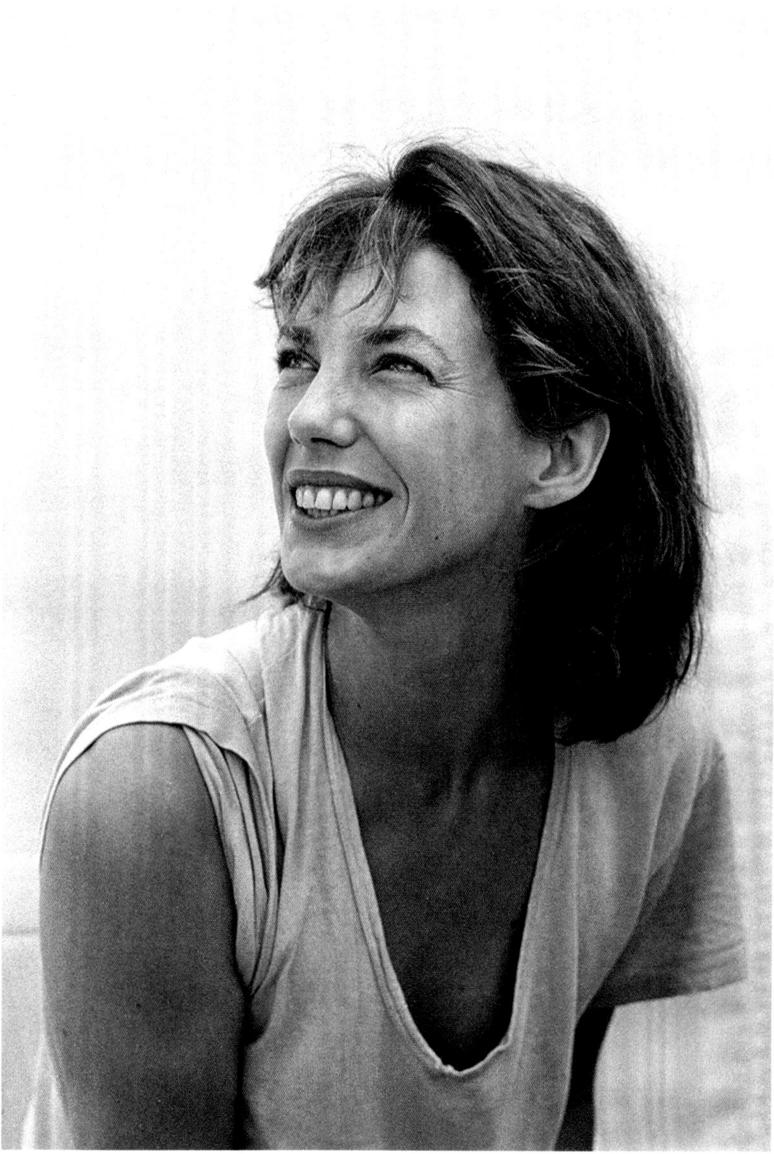

a crescer entre o final dos anos 1990 e início dos anos 2000. Inevitavelmente, uma vez que a empresa abriu capital, grandes conglomerados de luxo ficaram de olho no que poderia vir a ser um novo cavalo vencedor para seus estábulos. A LVMH, o mais poderoso grupo de artigos de luxo do mundo, controlado pelo empresário Bernard Arnault, estava determinado a conquistar o prêmio. Sabendo que a família Hermès não permitiria que um grande número de ações fosse comprado por alguém de fora, ele construiu sorrateiramente uma carteira por meio de uma série de derivativos de ações, em vez da compra direta de ações. Isso, na prática, evitou que a LVMH tivesse de declará-las até 2010, quando a Hermès percebeu que sua maior concorrente estava planejando uma oferta pública de aquisição. Quatro anos de batalhas legais se seguiram, apelidados na imprensa de "guerra das bolsas". A LVMH foi multada por não declarar o crescimento na participação da Hermès, e esta processou a LVMH por abuso de informação privilegiada e manipulação do preço das ações. A LVMH retaliou com um processo contra a Hermès por difamação. Inesperadamente, em 2014, as partes entraram em acordo, e a LVMH concordou em dispersar as ações e não adquirir mais nenhuma.

A expansão global das lojas foi essencial para o crescimento da Hermès e prosperou durante a direção cuidadosa de Dumas. Inicialmente, isso se deu por meio de um sistema de franquias, comum a outras marcas de luxo, mas supervisionado de perto pela Hermès. A empresa comprou prédios icônicos ou construiu espaços novos e intrigantes em cidades do mundo todo, especialmente na Ásia. Além de oferecer seus designers parisienses para trabalhar com decoradores locais visando manter o estilo Hermès, especialmente no que diz respeito às famosas vitrines da marca, a companhia se fez ainda mais presente ao patrocinar eventos locais, como exposições de arte. Contudo, por volta dos anos 1990, a Hermès reverteu essa política, temendo que a família estivesse perdendo o controle estrito da marca, e comprou de volta as franquias para se concentrar em lojas próprias.

AS VITRINES DE LEÏLA MENCHARI

Desde 1930, quando Robert Dumas-Hermès esboçava ideias para vitrines, a face que a Hermès apresenta ao mundo por meio delas tem sido extremamente importante. Durante os anos 1950, as vitrines inovadoras da então vitrinista Annie Beaumel eram bastante admiradas por Jean Cocteau e Christian Bérard, mas foi a protegida de Beaumel, Leïla Menchari, que tornou as vitrines da Hermès verdadeiramente lendárias.

Nascida na Tunísia em 1927, Menchari foi a primeira mulher a frequentar o Beaux-Arts Institute de sua cidade natal e a escola Beaux-Arts de Paris. Ela foi escolhida por Annie Beaumel para fazer parte da equipe de decoração da Hermès em 1961, depois de impressionar Beaumel com uma seleção de seus desenhos. Em 1978,

ACIMA: Cenários de praia ou subaquáticos também estavam entre os favoritos de Menchari. Esta paisagem de praia em azul e branco, com palmeiras de porcelana, conchas, baús cheios de pedrinhas de vidro azul e um céu de tecido estampado franzido, complementa perfeitamente a porcelana decorada da Hermès.

EXPANSÃO CAUTELOSA

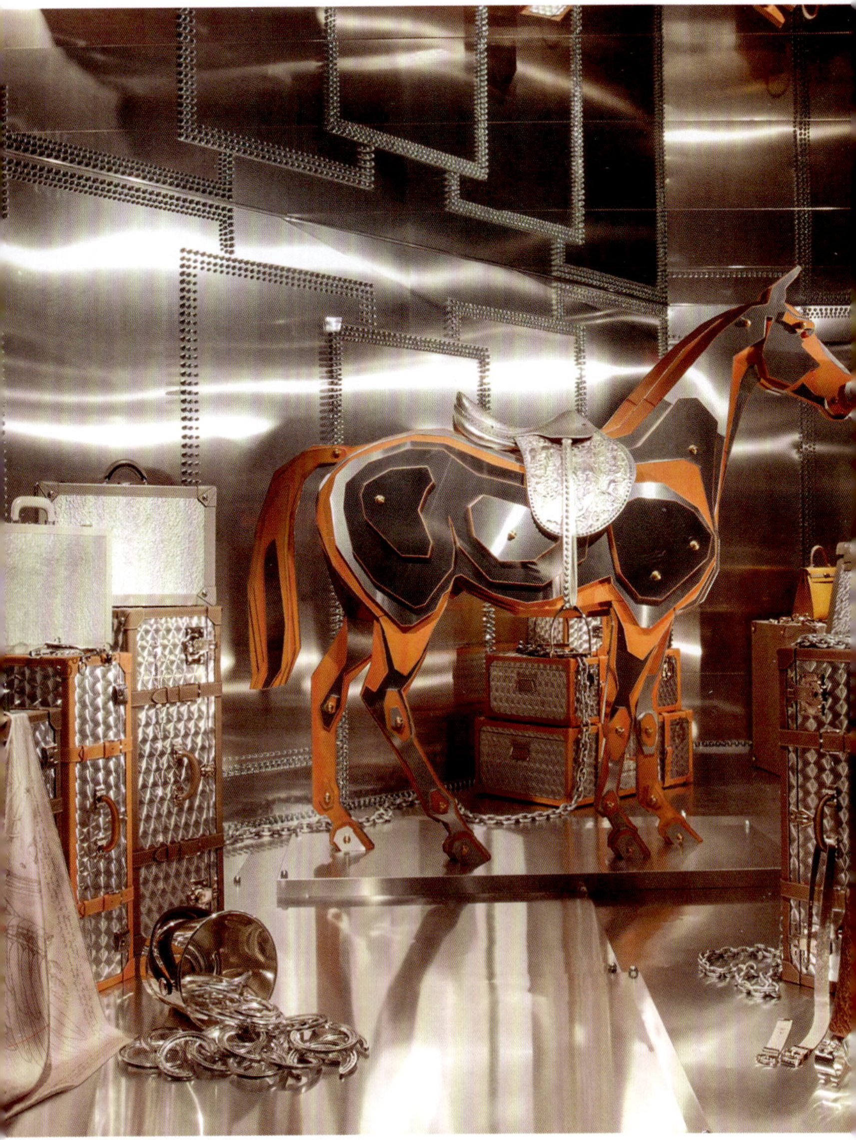

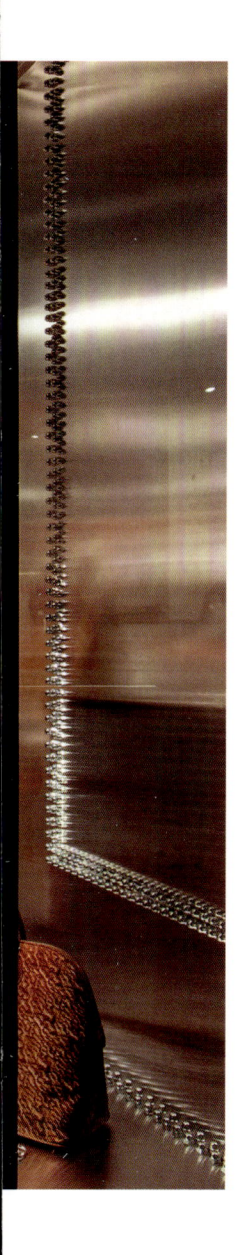

mesmo ano em que Jean-Louis Dumas assumiu a liderança da empresa, Menchari substituiu Beaumel e foi promovida a diretora de vitrines da loja de referência da Hermès na 24 Rue du Faubourg Saint-Honoré, onde permaneceu na função até se aposentar, em 2013. Lá criou um total de 136 vitrines mágicas, cada uma contando sua própria história. Por sua formação em cenografia teatral, não é de surpreender que suas vitrines fossem tão dramáticas e que, por meio século, ela tenha conquistado a admiração tanto de pedestres quanto de críticos. Conforme ela descreveu em uma entrevista à *Vogue Arabia* em 2017:

"Ao criar uma cena, sempre deve haver algum mistério, porque o mistério é um trampolim para os sonhos. O mistério é um convite para preencher as lacunas com a imaginação".

Suas criações em homenagem à herança equestre da Hermès costumavam trazer cavalos, especialmente o Pégaso, o divino cavalo alado da mitologia grega, mas também elaboradas paisagens de praia, palácios dourados opulentos e até mesmo um meteorito em rotação como se estivesse no espaço. Ela era uma ávida colecionadora de artefatos incomuns e preferia os tecidos texturizados, como organza e tule, que incorporava a suas vitrines. O uso da cor era extraordinário, e ela não deixava de despertar nenhum dos sentidos, tendo criado uma vez um cenário famoso que incluía quantidades generosas da fragrância Eau d'Orange Verte borrifadas na calçada da loja. Ao ver isso,

À ESQUERDA: Refletindo a herança equestre da Hermès, as vitrines de Leïla Menchari com frequência traziam representações de cavalos.

NO VERSO: Criar uma cena opulenta era a especialidade de Menchari, e era comum a referência a mitos gregos em suas vitrines. O palácio clássico, cheio de frutas voluptuosas e folhagens exuberantes, é o cenário perfeito para as bolsas e os lenços da Hermès nos mesmos tons vibrantes.

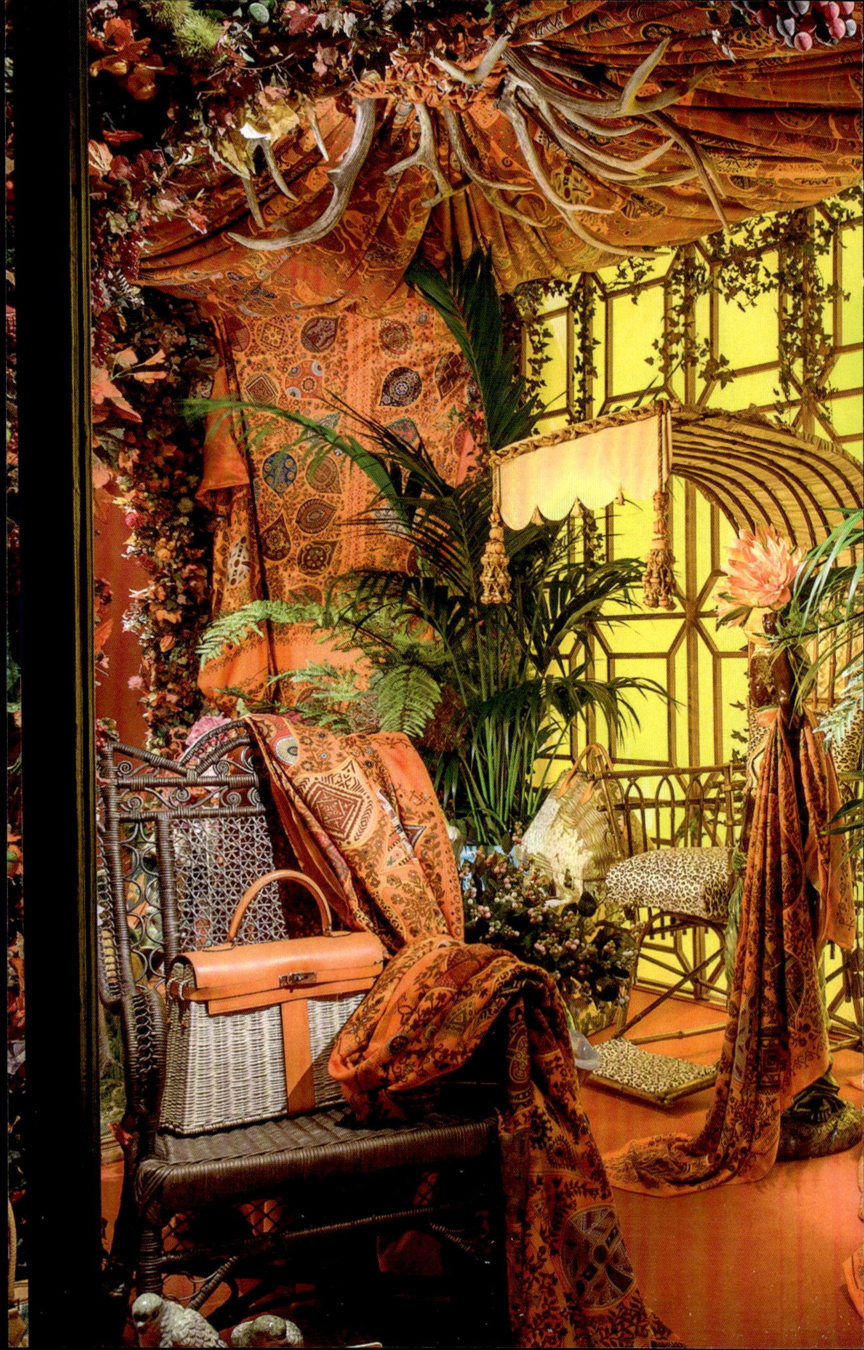

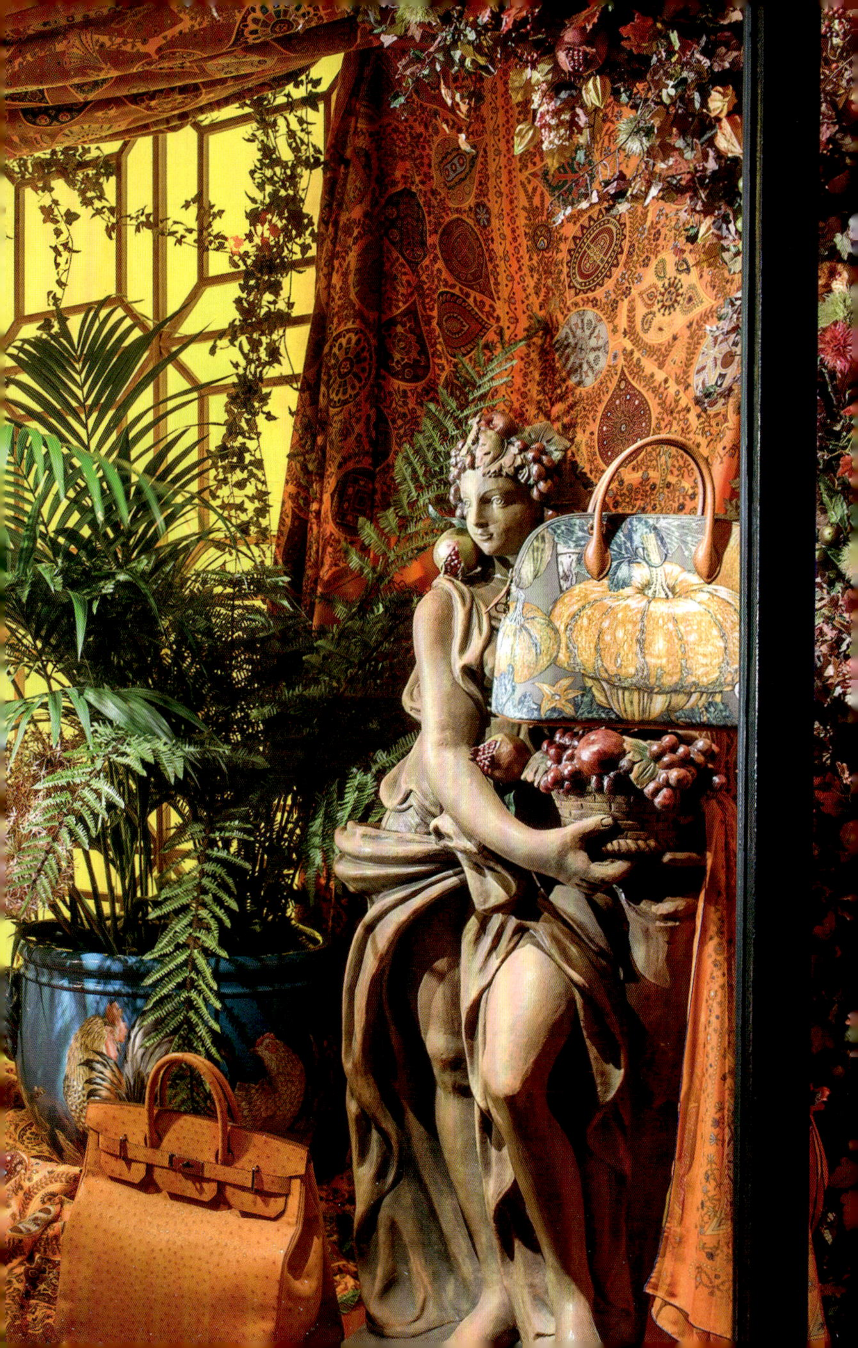

Jean-Louis Dumas exclamou: "Mas, Leïla, não há nada lá!", até que viu um pedestre parar e sentir o aroma e tudo o que ele evocava. É emblemático que um dos perfumes mais famosos da Hermès, Un Jardin en Méditerranée, o primeiro criado pelo mestre perfumista Jean-Claude Ellena, tenha sido inspirado pelo jardim de Menchari na Tunísia.

Como costuma acontecer com muitos colaboradores antigos da Hermès, que estavam mais para membros da família do que para funcionários, Menchari manteve um escritório na sede até por volta dos seus 80 anos de idade. Em reconhecimento à importância de suas criações artísticas, em 2017, o Grand Palais de Paris realizou uma exposição para mostrar as vitrines que Leïla Menchari produziu para a Hermès. Ela morreu em abril de 2020, aos 93 anos, de covid-19.

Leïla Menchari sempre falava com carinho de Jean-Louis Dumas e sua esposa, Rena, considerando-os também mais como familiares do que como empregadores. Além disso, foi Rena Dumas, renomada arquiteta e designer de interiores, que criou a identidade visual das lojas que Menchari "vestia" tão bem.

RENA DUMAS: ARQUITETURA E INTERIORES
Nascida Rena Gregoriades na Grécia em 1937, Rena Dumas quis se tornar arquiteta ao observar seu irmão, que frequentava a escola técnica na Grécia. Depois de se formar em artes aplicadas na École Nationale Supérieure em Paris, onde conheceu Jean-Louis Dumas, com quem se casou em 1962, Rena passou um tempo nos Estados Unidos e, em 1968, conheceu o arquiteto André Wogenscky, por quem foi influenciada. Em 1972, ela fundou seu próprio escritório de arquitetura e design de interiores, o Rena Dumas Interior Architecture (RDIA), e começou a trabalhar para a Hermès, em 1976. Seu primeiro projeto foi o design do interior da recém-duplicada loja de referência da Hermès na Rue Faubourg, quando a companhia comprou o prédio vizinho. Em seguida, Rena assumiu o comando do design de todas as butiques Hermès no mundo. Ela também criou móveis e outros objetos para a marca, tais como uma bela e escultural chaleira com alças de couro, todos eles com sua assinatura estética única.

À ESQUERDA: Vitrine floral de Leïla Menchari, com um violoncelo floral branco e lilás como peça central, evocando os concertos de verão. As bolsas Birkin, a clutch em couro de jacaré e o sobretudo jogado casualmente em uma cadeira são acessórios elegantes adequados para tal evento.

O trabalho que Rena Dumas fez no design das lojas Hermès no mundo todo foi importante para o sucesso global da marca, e sua habilidade para justapor o luxo parisiense da Hermès às características locais se expressava com grande sensibilidade. Em uma entrevista que o escritório RDIA concedeu à Fashionnetwork.com após a morte de Rena em 2009, há uma citação dela sobre a forma com que abordava os projetos internacionais: "Cada projeto começa por estudar o país, a cidade, a rua, e termina como uma jornada pelo prédio e seu interior".

ACIMA: A renomada arquiteta Rena, esposa de Jean-Louis Dumas, foi responsável por projetar muitas das lojas Hermès, tanto como arquiteta quanto como designer de interiores.

PIERRE-ALEXIS DUMAS

Jean-Louis Dumas aposentou-se em 2006 por problemas de saúde e foi sucedido como diretor artístico por seu filho, Pierre-Alexis Dumas. O lado empresarial ficou a cargo de Patrick Thomas, o primeiro CEO da história da companhia que não pertencia à família. A maior parte dos cargos sênior ainda era ocupada por membros da família estendida da Hermès, incluindo Axel Dumas, primo de Pierre-Alexis, que primeiro administrou a joalheria e depois as divisões de couro da empresa e, mais tarde, assumiu o lugar de Patrick Thomas como CEO, em 2014.

Pierre-Alexis Dumas começou sua carreira na Hermès em 1992, trabalhando na equipe criativa das marcas subsidiárias da companhia – os cristais Saint Louis e a prata Puiforcat – antes de passar a supervisionar os negócios da Hermès na China. Depois de cinco anos na Ásia, passou a administrar a Hermès no Reino Unido, onde se tornou diretor criativo de sedas em 2002.

Assim como para seus antepassados, preservar a qualidade dos produtos Hermès é de suma importância para Dumas. Em entrevista ao *Wall Street Journal* em 2011, ele explicou: "Meu trabalho é manter viva a força da criatividade da Hermès. Nutrir o rigor e a visão… fazer com que esses valores vibrem. Esta é a força da Hermès."

Para isso, cada produto que sai da fábrica da Hermès é verificado pessoalmente por Dumas, e as bolsas com imperfeições, ainda que mínimas, são destruídas. Dessa forma, ele consegue manter a exclusividade da marca, mesmo com o aumento da popularidade. A longa lista de espera para adquirir cada item feito à mão – isso quando os clientes conseguem colocar seus nomes nessa lista – faz parte da mitologia da Hermès.

A paixão de Pierre-Alexis Dumas pelos produtos de sua empresa é evidente, assim como a preocupação com a sustentabilidade. Os produtos Hermès sempre foram aquisições de investimento não só por causa de seu preço extremamente alto, mas também pelo alto nível do artesanato, o que significa que vão durar a vida inteira. Em entrevista a Vogue.com em 2020, durante a primeira onda da pandemia de covid-19, Dumas falou da importância de manter um equilíbrio com a natureza:

"Um ecossistema é algo equilibrado. É como plantar alimentos; se você exaurir a terra, não conseguirá plantar mais. Você precisa planejar e descansar e cuidar, para ter uma relação equilibrada e sustentável. Acho que levará tempo para que nossa indústria de fato inclua isso no processo."

Ele disse ainda esperar que os consumidores mudem suas atitudes e abracem a filosofia que a Hermès carrega desde o princípio.

"Acho que hoje há um desejo por objetos significativos. Você simplesmente não compra mais qualquer coisa por impulso… Você compra uma filosofia, que é algo que vai ser benéfico, e não destrutivo."

BOLSAS

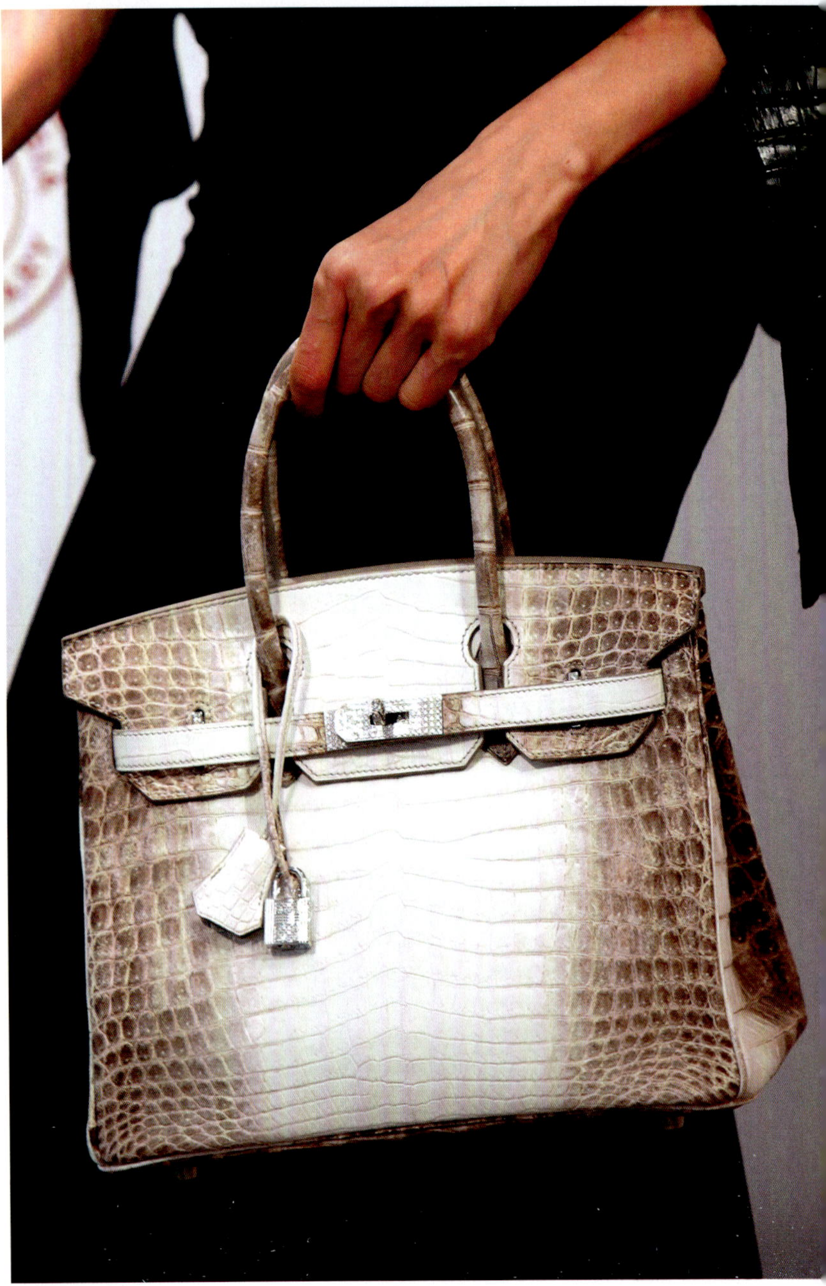

OBJETOS DE DESEJO

> Em 2017, a Christie's de Hong Kong vendeu uma bolsa Diamond Himalaya Birkin 30 da Hermès em couro de crocodilo branco por US$ 281.500.

Na época, a bolsa de couro Niloticus Crocodile com detalhes em ouro branco 18k e incrustada com 10,23 quilates de diamantes foi a bolsa mais cara já vendida em leilão. Essa bolsa rara, considerada o santo graal dos colecionadores sérios, é o símbolo de tudo o que a Hermès representa: exclusividade, produção artesanal e tradição.

A primeira exibição das bolsas Hermès que conhecemos hoje foi produzida por Charles-Émile Hermès no início dos anos 1900. Batizada de bolsa Haut à Courroies (HAC), que pode ser traduzido literalmente do francês como "alta com alças", essa bolsa equestre de couro firme e ampla abertura foi criada para cavaleiros que precisavam carregar suas selas e botas. A bolsa HAC ainda hoje é produzida, embora de uma maneira mais refinada. Ela mantém a altura e o formato trapezoidal com as alças laterais características,

AO LADO: A bolsa Diamond Himalaya Birkin 30 da Hermès em crocodilo branco. O tingimento do couro de crocodilo leva tempo e fica ainda mais difícil nas cores mais claras. O processo exige bastante habilidade.

e está disponível não só em couro tradicional, mas em uma infinidade de tecidos, como feltro e lona, ou em exóticas estampas.

Foi apenas a partir de 1922 que a Hermès começou a investir seriamente na produção e venda de bolsas de alta qualidade. O impulso veio da esposa de Émile Hermès. Ela queixou-se de que não conseguia encontrar uma bolsa adequada, então pediu ao marido que criasse uma versão menor da Haut à Courroies para ela. A bolsa se tornou um sucesso e abriu caminho para uma variedade de bolsas de viagem em 1925. A expansão da Hermès para os Estados Unidos, com sua elite viajada, ajudou a aumentar a popularidade dessas bolsas. Em 1935, foi criada a clássica Sac à Dépêches que conhecemos hoje, rebatizada de bolsa Kelly nos anos 1950. A releitura da bolsa de couro original da Hermès feita pelo genro de Émile, Robert Dumas, transformou a bolsa simples e bem-feita em um clássico refinado, elegante e atemporal.

A BOLSA KELLY

Em 1956, a atriz norte-americana Grace Kelly, que era cliente de longa data da Hermès e estava recém-casada com o príncipe Rainier de Mônaco, foi fotografada por *paparazzi* – em uma imagem que ficaria célebre e levaria à mudança do nome Sac à Dépêches. A atriz que virou princesa estava grávida, mas ainda não queria dar a notícia ao mundo, então escondeu a barriga, ainda pequena, com sua bolsa preferida. A foto, vendida no mundo todo, foi parar na capa de muitas revistas, e a enorme popularidade de Grace Kelly fez com que o público apelidasse a bolsa de "Kelly". O nome se popularizou, e a Hermès se beneficiou da publicidade, embora só o tenha adotado oficialmente em 1977. Diferentemente das celebridades modernas que ostentam um guarda-roupa inteiro de bolsas, Grace Kelly adorava sua Hermès marrom, tanto que a bolsa ficou desgastada pelo uso. Em 2010, o Museu Victoria e Albert de Londres exibiu a bolsa em uma mostra dedicada à atriz ícone de estilo.

À DIREITA: As primeiras bolsas Hermès eram práticas e bonitas. Criada para viagens curtas, esta mala masculina de cerca de 1920 tinha um compartimento inferior para camisas e era fechada por zíper, novidade na época, além de vir com um fecho que é marca registrada da Hermès.

À ESQUERDA: Embora o tom laranja instantaneamente reconhecível da Hermès só tenha passado a ser usado com mais frequência após a Segunda Guerra Mundial, há alguns exemplos de bolsas em tons parecidos, como esta bolsa 368 em couro de crocodilo em um tom laranja queimado, dos anos 1930.

À DIREITA: Este modelo antigo da bolsa Malette dos anos 1930 é feito em couro de crocodilo marrom. Ela foi projetada para mulheres que desejavam carregar suas joias, e tem um compartimento separado na base, seguro pelo fecho clássico.

ABAIXO: A famosa foto de *paparazzi* de Grace Kelly em 1956, segurando sua Sac à Dépêches da Hermès em frente ao corpo para disfarçar a gravidez que ainda não queria anunciar ao mundo. A bolsa logo seria rebatizada de "Kelly".

AO LADO: A princesa era frequentemente fotografada carregando uma bolsa Kelly da Hermès.

As bolsas Kelly são a síntese do refinamento. Com apenas uma alça de mão e uma de ombro, é mais formal do que sua irmã de duas alças, a Birkin, e pode ser carregada na mão ou a tiracolo. Hoje, as bolsas Kelly, com as bolsas Birkin, são feitas exclusivamente sob encomenda, com uma lista de espera de até seis anos. Com um sistema que dá prioridade a clientes antigos, nem sempre é possível colocar o nome na lista. Isso não só mantém o preço alto, como também alimenta o vívido comércio de bolsas Hermès de segunda mão em leilões. Essas bolsas ainda têm preços na casa dos milhares e as mais procuradas, como as pouquíssimas feitas em couro de crocodilo, são vendidas por somas que chegam aos seis dígitos.

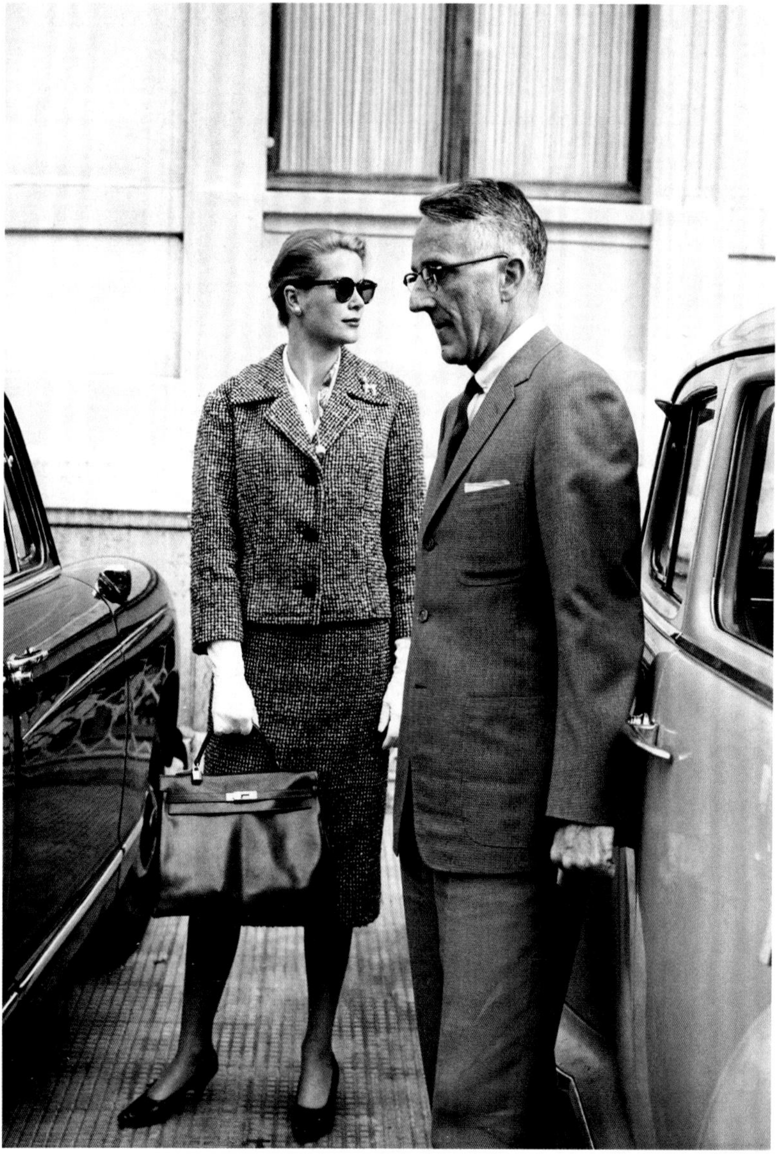

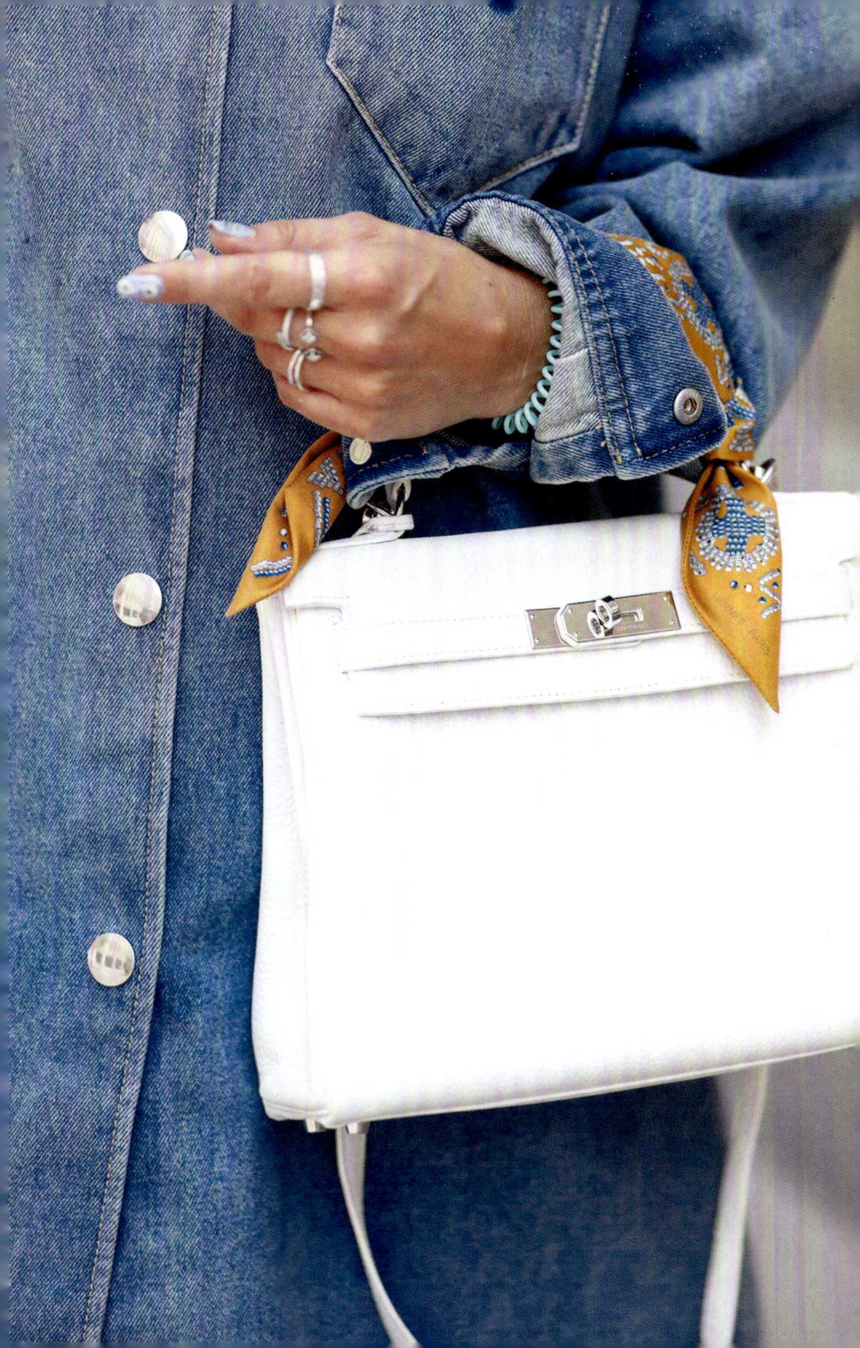

ACIMA: As bolsas Kelly são feitas em uma variedade de couros de animais, como esta versão cinza-
-marrom em couro de avestruz de 1986.

AO LADO: A bolsa Kelly possui tanto uma alça de mão quanto uma de ombro e vem em uma variedade de cores, permitindo que seja usada de inúmeras formas. Esta versão branca ganhou um estilo urbano no visual da blogueira Karin Teigl em 2021, em contraste com um vestido jeans e um lenço de seda estampado da Hermès amarrado.

BOLSAS

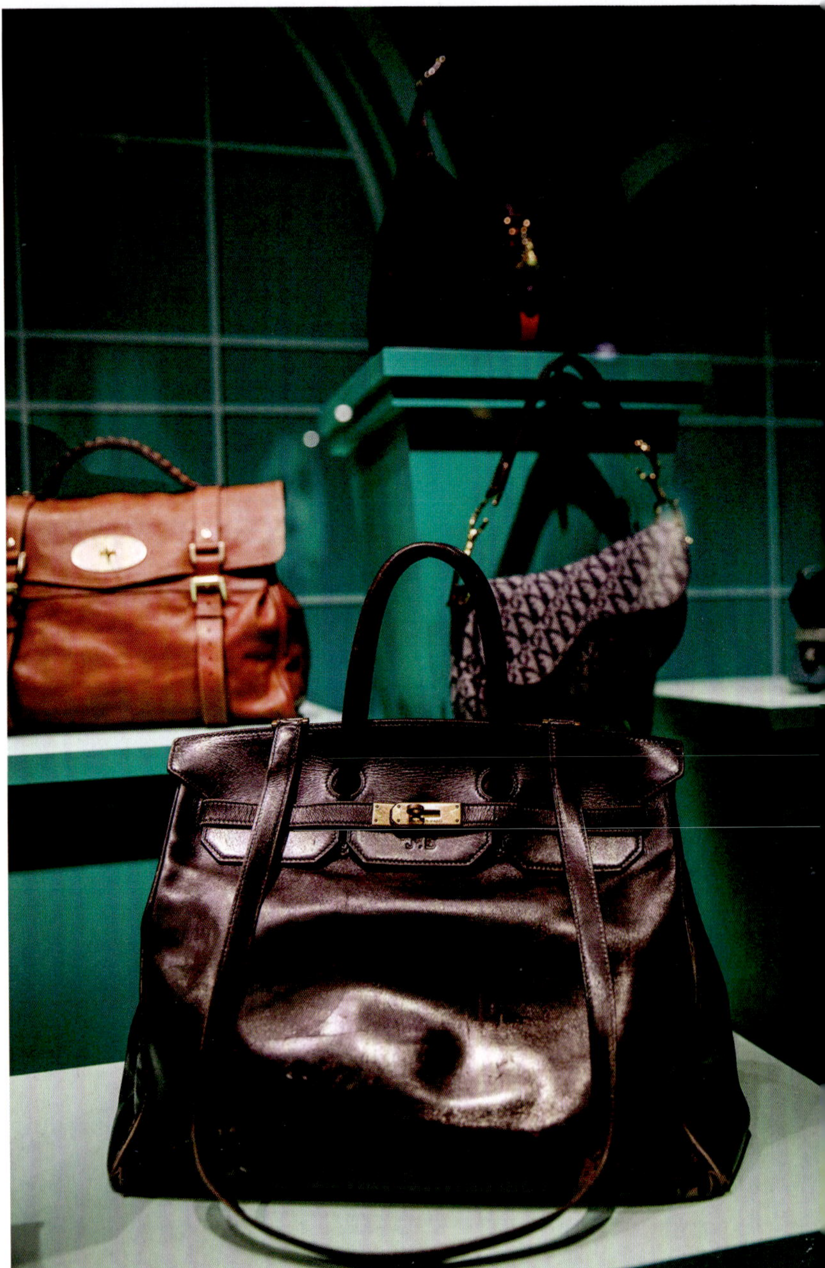

A BOLSA BIRKIN

A bolsa icônica mais recente da Hermès é, sem dúvida, a Birkin. Talvez seja ainda mais cobiçada do que a Kelly, e é popular entre as celebridades, incluindo as Kardashians e Victoria Beckham, que é famosa por ser dona de mais de 100 versões.

O episódio que inspirou sua criação entrou para a história da moda. No início dos anos 1980, em um voo de Paris a Londres, a atriz Jane Birkin se viu inundada pelo conteúdo de sua famosa bolsa de vime, que caiu por toda parte enquanto ela tentava colocá-la no compartimento de bagagens. Por obra do acaso, o assento ao seu lado pertencia ao CEO da Hermès, Jean-Louis Dumas. A dupla começou a conversar sobre bolsas, enquanto Birkin reclamava da falta de modelos grandes apropriados para jovens mães, que comportassem tudo o que elas precisavam carregar. A atriz até começou a esboçar seu modelo de bolsa perfeita na parte de trás do saco para enjoo da companhia aérea.

No ano seguinte, Dumas, que nunca resistiu a um desafio, criou uma nova bolsa Hermès, maior do que a Kelly e com um ar mais moderno. Lançada em 1984, é basicamente uma bolsa tote requintada, criada não só para ser elegante, mas também funcional.

ABAIXO: As bolsas Birkin são fabricadas em uma variedade de cores para combinar com qualquer estação ou ocasião, incluindo uma rosa-choque em couro de crocodilo para quem prefere um visual mais impactante.

AO LADO: A bolsa Birkin original de Jane Birkin exibida na mostra Bags: Inside Out ("Por dentro das bolsas", em tradução livre) do Museu Victoria e Albert, em 2021.

BOLSAS 65

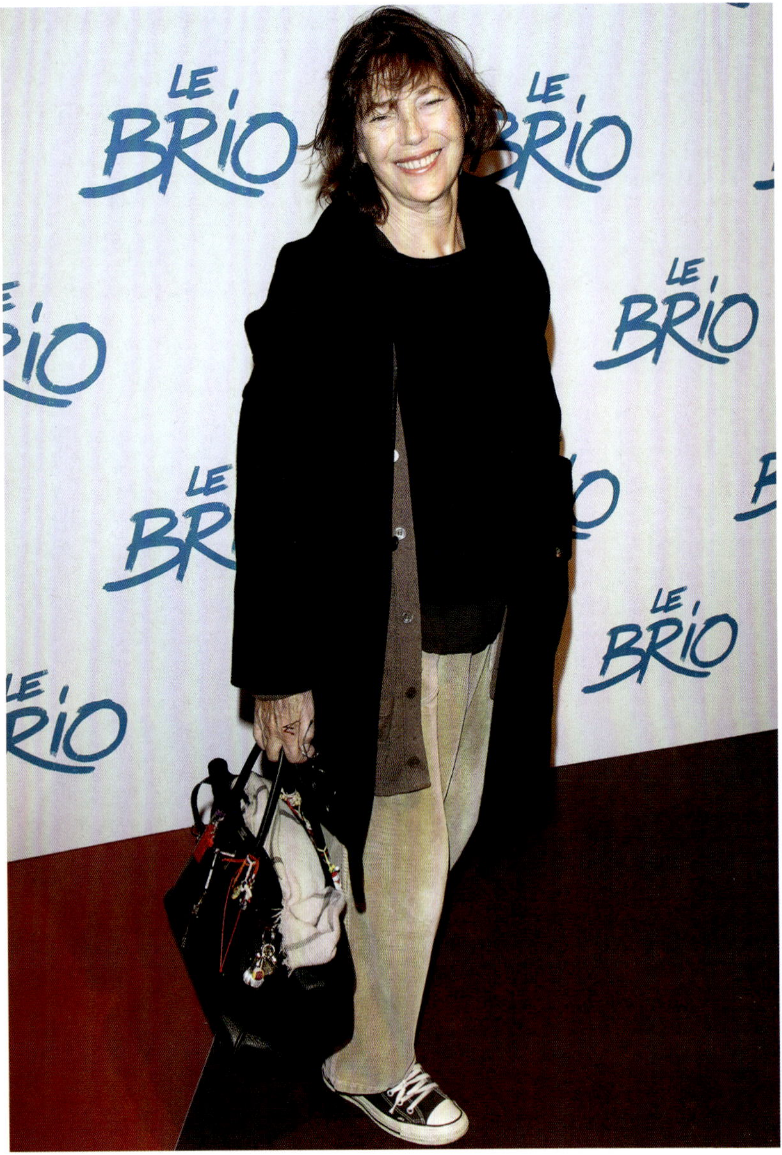
LE BRIO
LE BRIO
LE BRIO
LE BRIO
LE BRIO

À DIREITA: Victoria Beckham é famosa por possuir mais de 100 bolsas Birkin, combinando cada um de seus looks com a bolsa perfeita. Aqui ela aparece em 2007, na Califórnia, carregando uma versão em couro de avestruz rosa-escuro, combinando com a roupa.

AO LADO: Jane Birkin costuma carregar um modelo da icônica Birkin, enchendo-a de pertences e, com frequência, customizada pela própria ativista. Fotografada aqui em 2017, na estreia do filme *Le Brio* em Paris.

Em comparação com a Kelly, a Birkin tem duas alças de mão e nenhuma de ombro, tornando-se perfeita para carregar no braço. A versão original de 35 cm que Jean-Louis Dumas apresentou a Jane Birkin, um ano após o voo em que se encontraram, tinha espaço para as mamadeiras que ela carregava para os filhos, mas também um espaçoso bolso interno para os itens pessoais da atriz. Assim como a Kelly, ela tem uma aba e é protegida por duas tiras. Contudo, ao contrário da Kelly, que precisa ser carregada fechada para não forçar sua alça única, a Birkin pode ser usada entreaberta em um estilo mais casual. E, apesar do preço estratosférico, ela cai bem tanto com jeans e camiseta quanto com roupas mais elegantes, o que a faz ser mais desejada pelos entusiastas de bolsas. Como a bolsa Kelly original, a Birkin original feita para a atriz e cantora britânica foi exibida no Museu Victoria e Albert em Londres como parte da mostra Bags: Inside Out ("Por dentro das bolsas", em tradução livre), em 2021.

A CONFECÇÃO DE UMA BOLSA HERMÈS

Até hoje, as bolsas Kelly e Birkin são feitas à mão por artesãos extremamente habilidosos. Primeiro, o couro curtido, já selecionado com a mais alta qualidade, é examinado atentamente em busca das menores falhas, que são cuidadosamente descartadas. Peças simétricas são meticulosamente cortadas e dispostas em uma superfície para em seguida serem unidas com a tradicional costura dupla de sela característica da Hermès. A costura é feita com a bolsa sustentada por um grampo feito de madeira. O processo feito com duas agulhas, criado pelo fundador Thierry Hermès, resulta em uma costura forte e feita de forma que, na hipótese improvável de que uma costura se rompa, as outras não sejam afetadas.

Uma vez unidas as partes, as costuras são cuidadosamente marteladas para garantir que não fiquem muito evidentes em relação ao corpo da bolsa. A costura é então lixada e raspada para criar um acabamento liso perfeito. Por fim, é coberta com cera de abelha, tanto para impermeabilizar a bolsa quanto para torná-la agradável ao toque. As alças, feitas de quatro ou cinco camadas de couro prensado, são moldadas à mão de maneira laboriosa: o artesão costuma colocá-las sobre a coxa para criar o formato perfeito.

A etapa final é colocar as partes de metal, que não são feitas com parafusos que possam se soltar com o tempo, mas sim com um processo mais seguro criado pela Hermès denominado "perolização". O fecho é colocado na parte da frente do couro e uma peça de metal na parte de trás. Então, um prego é inserido por trás, cortado e depois martelado com uma ferramenta especial em formato de pérola, unindo assim as duas peças de metal. Uma vez que a bolsa está pronta, é inspecionada com a máxima atenção em busca de defeitos antes de ser vendida. As bolsas que apresentam defeitos são destruídas.

OUTRAS BOLSAS HERMÈS FAMOSAS

É provável que a terceira bolsa mais conhecida da Hermès seja a Constance. Criada em 1959 pela designer Catherine Chaillet,

ABAIXO: As bolsas e os acessórios da Hermès são tradicionalmente feitos à mão, ainda hoje utilizando a costura de sela e a "perolização" para prender os fechos, ambos os métodos inventados por Thierry Hermès.

ABAIXO: A versão da bolsa Constance da Hermès em couro de crocodilo preto.

AO LADO: Anna Schürrle dá um ar urbano a uma bolsa Constance vermelha em Berlim em 2020.

recebeu o nome de sua quinta filha, que nasceu no mesmo dia em que a primeira bolsa desse modelo foi lançada. Moderna e retangular, com uma alça de ombro longa, a bolsa é reconhecida de imediato por seu fecho grande no formato da letra "H". Essa bolsa elegante e versátil se tornou um item essencial do guarda-roupa de Jackie Kennedy, o que aumentou instantaneamente sua popularidade.

A Evelyne, criada em 1978, devolveu a Hermès às suas origens equestres e foi batizada em homenagem a Evelyne Bertrand, antiga chefe do departamento de artigos equestres da Hermès. A espaçosa bolsa foi criada originalmente para carregar itens de cuidado com os cavalos, daí o logo em "H" perfurado, que permitia a ventilação necessária para que as escovas úmidas secassem. Grande, com a parte de cima aberta e fechada por uma única tira de couro, ela tem uma alça de ombro larga, que permite o uso na transversal, no estilo bolsa de carteiro. Essa versatilidade deu a ela um ar mais casual e unissex do que outras criações da Hermès.

A Bolide é a prima discreta das famosas Kelly e Birkin. De formato clássico, com a parte de cima arredondada e duas alças, além de uma alça de ombro removível, ela é fechada com zíper, o que torna o fato de sua ancestral ter sido desenhada em 1923 ainda mais notável. Esse mecanismo único, hoje tão comum, ainda não tinha chegado à Europa até que Émile Hermès o viu pela primeira vez em um carro, em uma viagem ao Canadá. Émile patenteou o design para usá-lo na França e imediatamente acrescentou-o à recém-criada bolsa Hermès. Apelidada *le sac pour l'auto* ("a bolsa para o carro", em tradução livre), a bolsa foi criada em 1982 e se tornou um clássico que até os dias atuais é usado como mala de viagem, especialmente os tamanhos maiores.

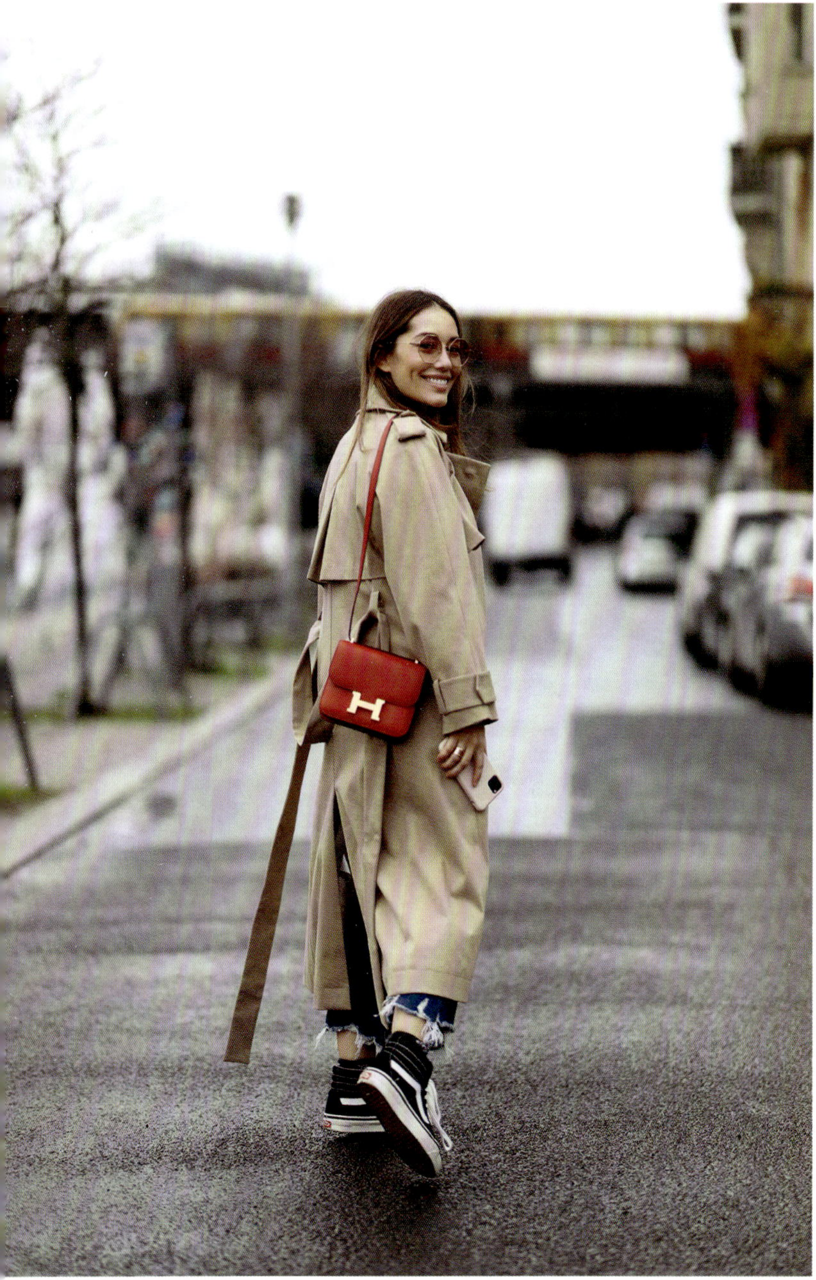

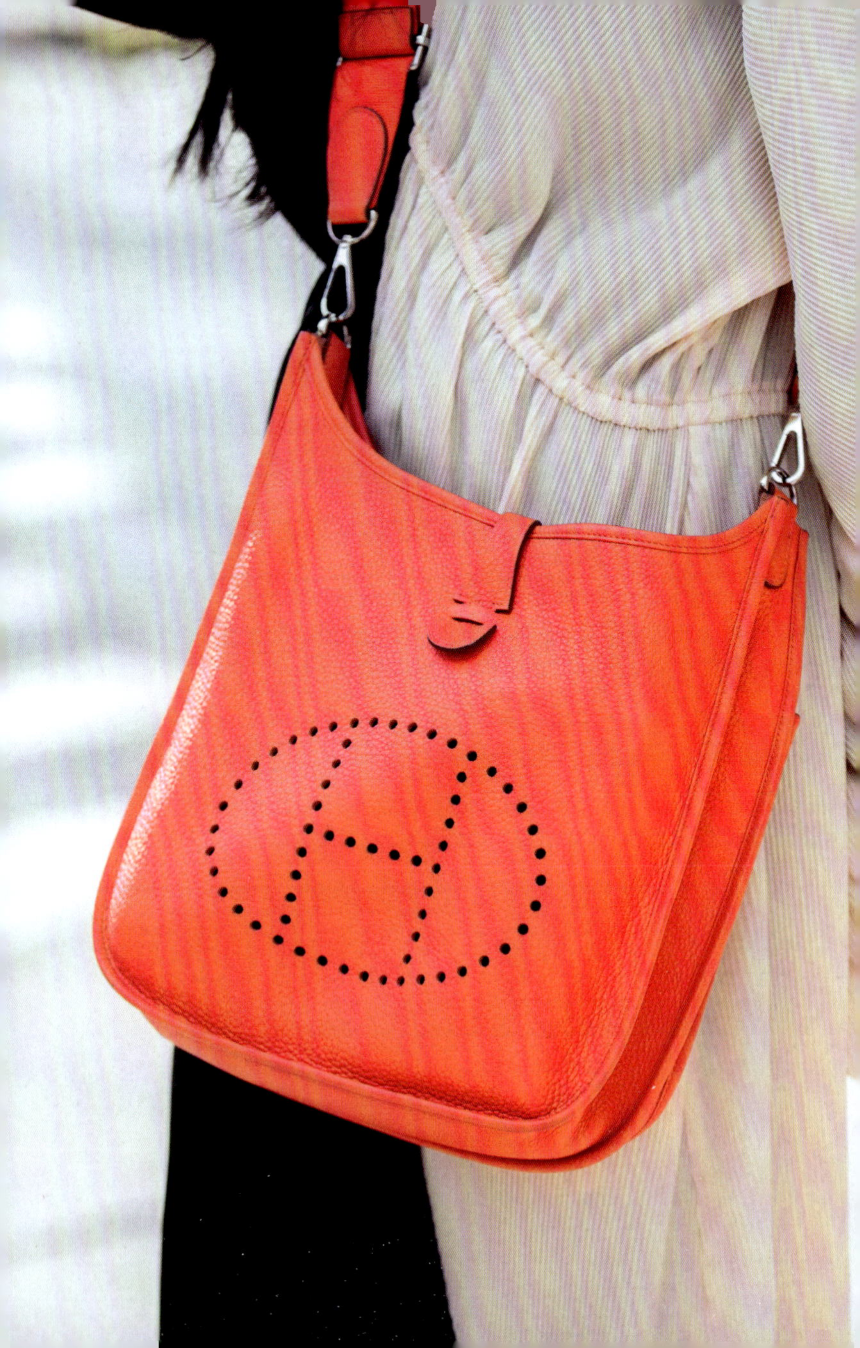

A Herbag da Hermès, cuja produção fora descontinuada, foi relançada em 2009 com o nome de Zip Herbag e vendida como uma Kelly mais acessível, embora o preço ainda gire em torno de alguns milhares de dólares. Com formato e estilo bastante similar à bolsa Kelly, ela difere no mecanismo de fechamento e inclui um cadeado e um bolso externo com zíper.

A Hermès, fiel à sua filosofia de ser uma empresa que cria pequenas quantidades de bolsas artesanais feitas sob medida, raramente lança um novo modelo, preferindo adaptar seus clássicos. Mas, no desfile da coleção outono/inverno 2014, a Halzan fez sua estreia. Seguindo a linha das demais bolsas Hermès, a Halzan tem um formato clássico, com um fecho desenhado para parecer um estribo de couro. Seu apelo está na funcionalidade, que permite que a bolsa seja usada no ombro, como uma tote, na transversal ou até mesmo como uma clutch.

Como regra, quase todas as bolsas Hermès têm um estilo estruturado, com exceção da Lindy. Lançada em 2007, ela é feita de couro macio e maleável, e recebeu esse nome em referência ao

ABAIXO: A bolsa Bolide tem um estilo similar ao da Kelly e da Birkin, mas é menor e fechada por zíper. A versão original foi criada em 1923.

AO LADO: A bolsa Evelyne, batizada em homenagem a Evelyne Bertrand, antiga chefe do departamento de artigos de equitação.

BOLSAS

À DIREITA: A versão moderna da Herbag foi relançada em 2009 e pode ser usada de vários jeitos, inclusive como mochila.

AO LADO: A clutch Jige é a mais clássica das bolsas pequenas da Hermès. Aqui ela aparece com Olivia Palermo na Semana de Moda de Londres em 2012.

Lindy Hop – uma dança de swing norte-americana dos anos 1920. Espaçosa, com dois bolsos internos grandes com zíper e dois bolsos externos, pode ser carregada como uma tote ou bolsa de ombro, como muitas da Hermès.

Por fim, vale lembrar que a mulher da Hermès precisa de uma bolsa para cada ocasião e, embora a Kelly, a Birkin e a Bolide sejam perfeitas para o dia, a clutch é uma escolha mais adequada para a noite. A mais famosa clutch da Hermès é a Jige. Criada em 1975 por Jean Guerrand, genro de Émile Hermès, como presente de casamento para uma de suas futuras noras, a Jige leva esse nome por causa das iniciais de seu criador. Um clássico simplificado, ela é fabricada em vários tamanhos e traz o fecho em "H" característico da marca.

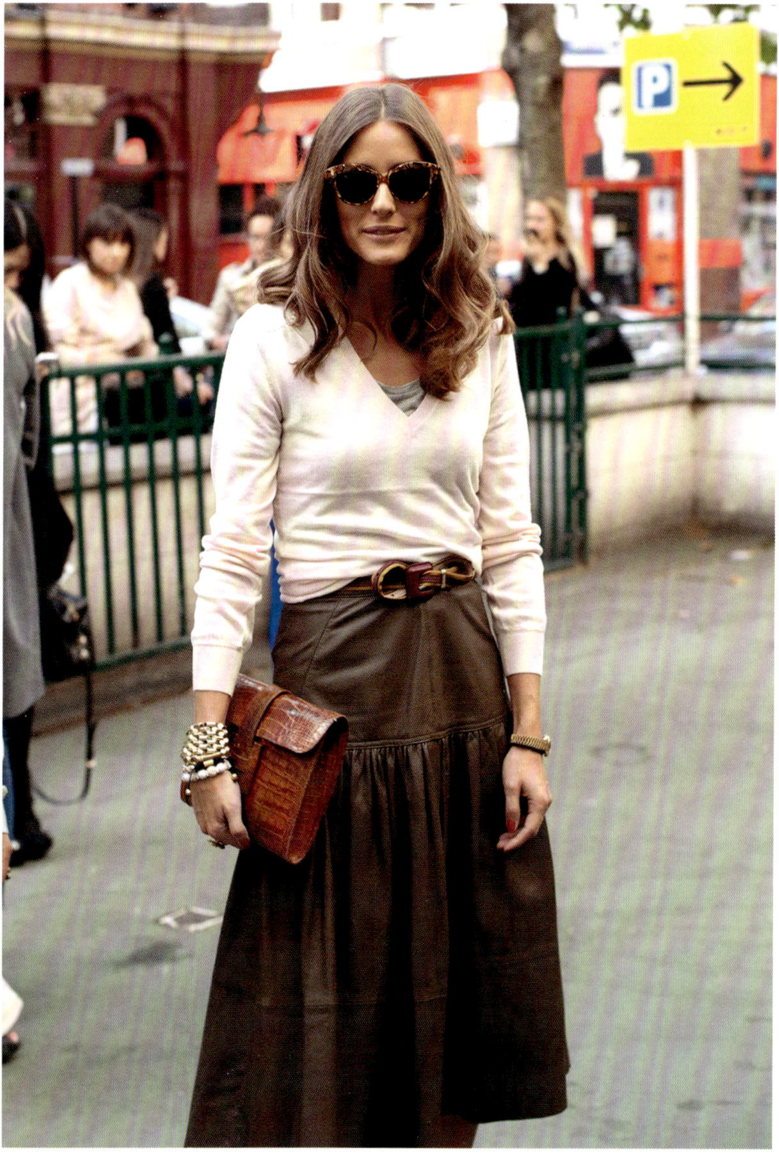
P

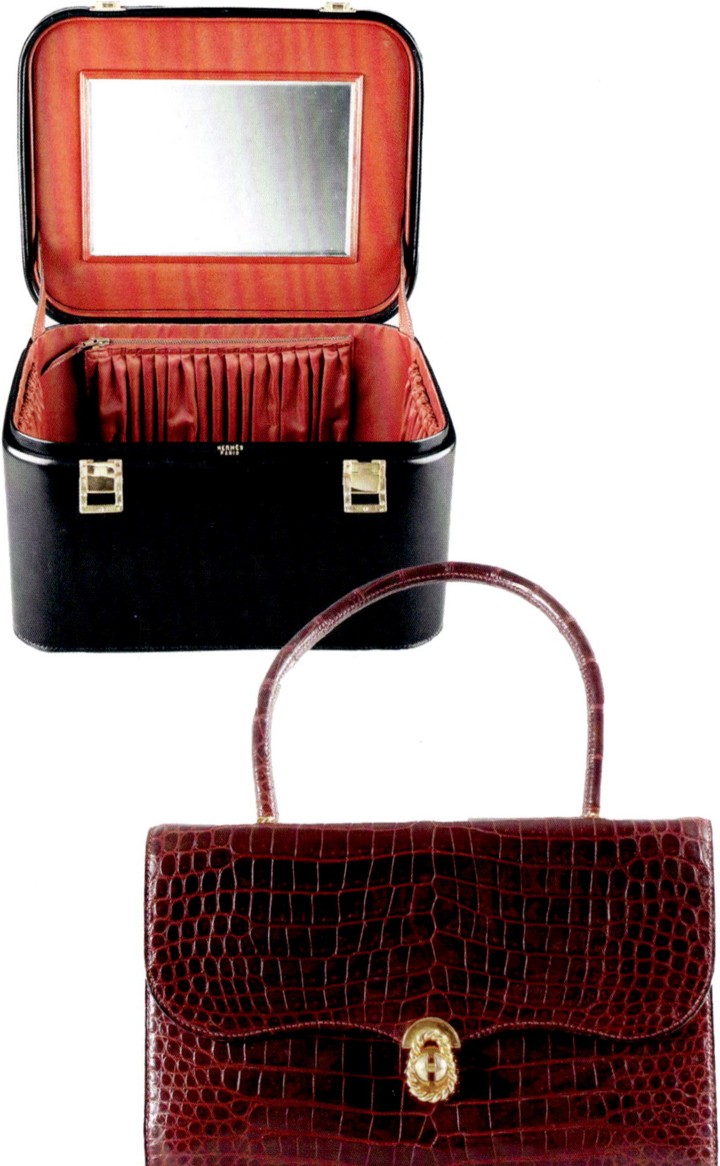

ACIMA: Apesar de ser renomada por suas bolsas clássicas, a Hermès também produziu alguns modelos únicos e impactantes como esta bolsa Cruise dos anos 1980.

AO LADO E ACIMA: A Hermès tem uma longa tradição em produzir artigos de couro que sejam práticos e estilosos ao mesmo tempo, como esta nécessaire dos anos 1960, forrada em couro vermelho e com um espelho embutido na tampa.

AO LADO E ABAIXO: Uma deslumbrante bolsa Escale da Hermès, em couro de crocodilo vinho, com alça em corda retorcida, detalhes dourados e fecho de botão, do final dos anos 1960.

LENÇOS

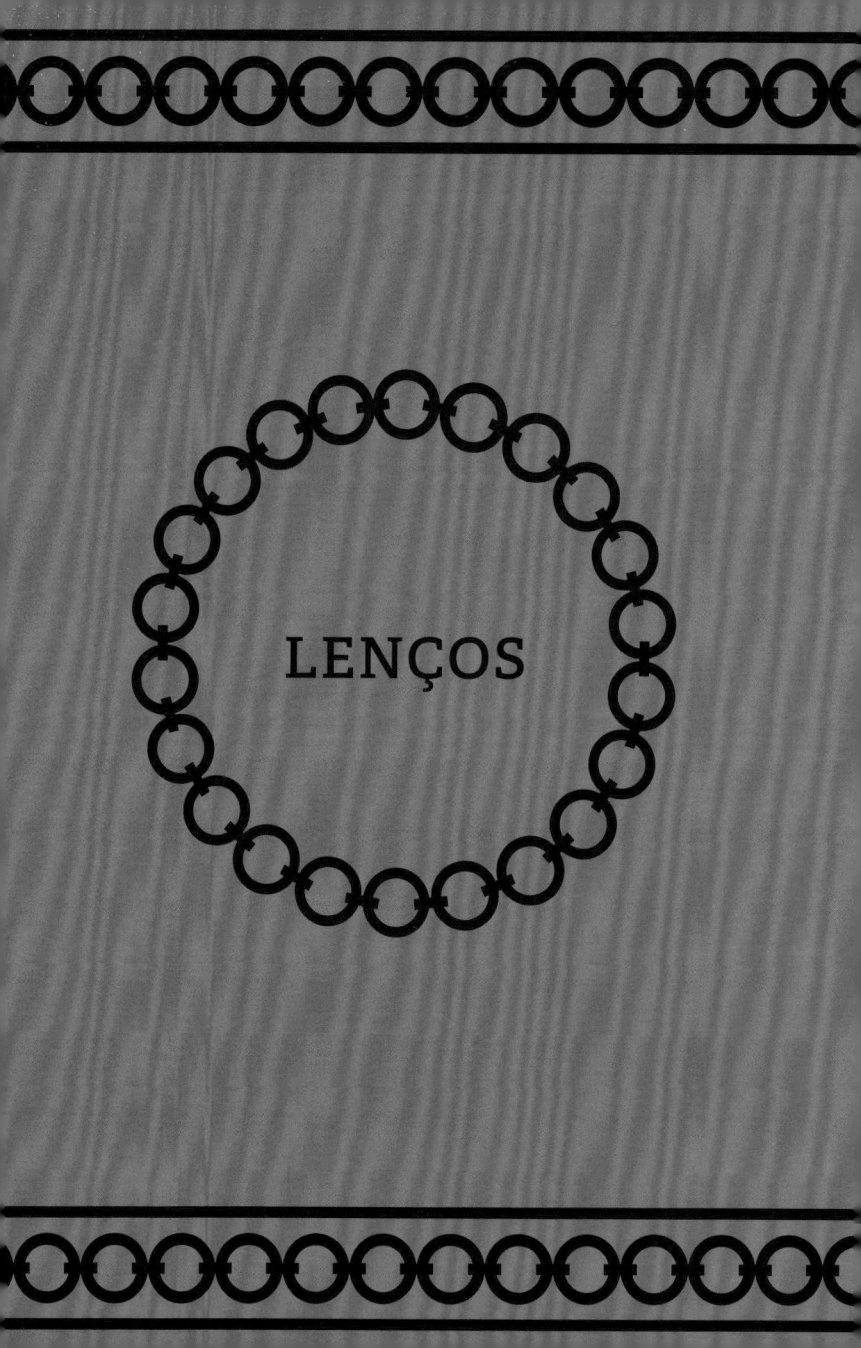

TRAITÉ DES ARMES

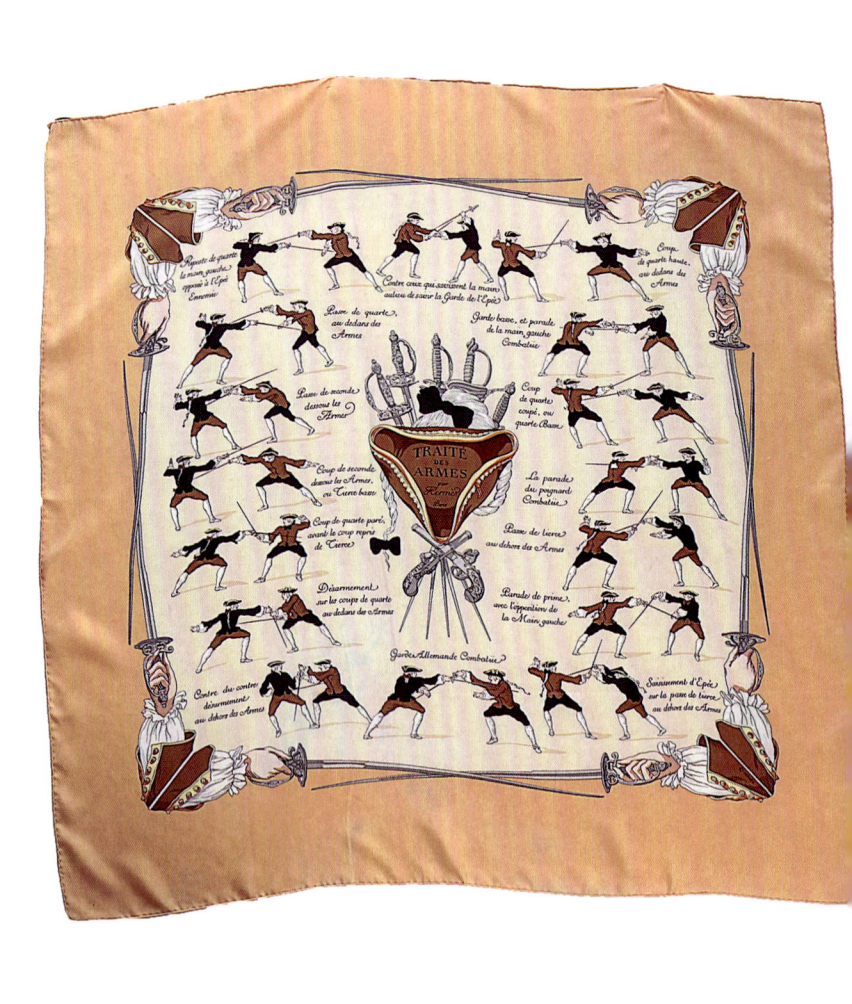

CARRÉS DE SOIE

Há poucos acessórios tão icônicos ou luxuosos quanto o *carré* de seda da Hermès, uma palavra que pode ser traduzida simplesmente como "quadrado". Usados por celebridades e aristocratas e cobiçados por pessoas de todas as idades, amarrados na cabeça para proteger os cabelos do vento ou presos à alça de uma bolsa, os lenços de cores e estampas impactantes da Hermès são reconhecidos instantaneamente.

O uso da seda no mundo da equitação sempre foi uma tradição, e os jóqueis costumavam usar camisas de seda nas cores de suas equipes. Nos anos 1920, a Hermès vendia, junto a seus produtos, lenços do ateliê Bianchini Férier, que comercializava artigos de seda de qualidade. No entanto, foi só em 1937, um século depois da fundação da empresa, que a Hermès começou a produzir seus próprios lenços. Como a reputação da Hermès pela excelência artesanal crescia, Robert Dumas, que vinha trabalhando ao lado de seu sogro, Émile Hermès, decidiu encomendar estampas exclusivas para os lenços, supervisionando o processo desde o design até a execução. A produção do *carré* de seda se tornou uma

AO LADO: Hugo Grygkar trabalhou para a Hermès durante os anos 1940 e 1950, criando estampas famosas como esta do lenço Traite des Armes, de 1951, que depois foi lançado em uma variedade de combinações de cores.

ACIMA: Em 1937, a Hermès lançou seu primeiro lenço. Chamado Jeu des Omnibus et Dames Blanches, foi uma criação do artista Hugo Grygkar, baseado em um bloco de madeira entalhado por Robert Dumas.

grande paixão na vida de Dumas, que ajudou a transformar o lenço no ícone que conhecemos hoje.

O primeiro modelo criado para a Hermès foi de autoria do artista Hugo Grygkar e se baseou em um bloco de madeira entalhado por Robert Dumas. Nascido na Alemanha em 1907, de pais tchecos, Grygkar mudou-se para a França em 1914 e trabalhou como ilustrador e artista comercial para revistas como a *Vogue*. Ele era um artista dedicado e um leitor atento, atributos que influenciaram seus designs para a Hermès. Seu lenço de estreia foi batizado de Jeu des Omnibus et Dames Blanches, inspirado em um jogo de tabuleiro dos anos 1830, que pertencia a Émile Hermès. O desenho retratava mulheres elegantes sentadas à mesa abaixo dos dizeres: "Uma boa jogadora nunca perde a calma". Era ao mesmo tempo sagaz e um pouco frívolo, um lenço perfeito para atenuar o visual dos casacos justos usados pelas mulheres da época. Trabalhando próximo a Robert Dumas, Grygkar tornou-se um dos designers mais prolíficos da Hermès, criando muitos lenços igualmente lúdicos, geralmente com citações irônicas ou sátiras de figuras históricas francesas, como Napoleão Bonaparte.

Nos anos 1940, os lenços se tornaram um excelente antídoto à dura realidade da guerra, e o trabalho de Grygkar para a Hermès continuou até sua morte, em 1959. Ele criou algumas das estampas mais famosas da marca, entre elas a Ex Libris, de 1946, inspirada no selo criado em 1923 por Émile Hermès para marcar seus livros e que serviu de base para o logotipo da empresa, e a Brides de Gala, uma das estampas mais populares da Hermès, recriada muitas vezes desde então. Grygkar e Dumas tiveram uma relação verdadeiramente colaborativa, fruto da atenção obsessiva de ambos para os detalhes e para a qualidade do design. Dumas sugeria temas da arte, da

À ESQUERDA: Hugo Grygkar continuou desenhando para a Hermès até sua morte, em 1959. Este lenço Mineraux foi uma de suas últimas criações.

ABAIXO: O lenço de Philippe Ledoux retratando Napoleão, criado em 1963, está entre um dos mais valorizados da Hermès pelos colecionadores.

literatura e do mundo natural, e Grygkar então incorporava essas ideias nos desenhos dos lenços da forma mais precisa possível – chegando a procurar um galo vivo para inspirar o desenho Combats de Coqs, de 1954, e uma pele de zebra de verdade para La Chasse en Afrique, três anos mais tarde.

Outro artista que pode ser considerado um dos pais dos lenços Hermès é Philippe Ledoux. Nascido na Grã-Bretanha de pais franceses em 1903, Ledoux voltou à França na adolescência e estudou na Académie de Peinture de Paris. Caricaturista de longa data, Ledoux gostava de esboçar cenas dos cafés locais, e também foi um renomado ilustrador de livros no fim dos anos 1940, com um estilo preciso e sensível de desenhar. Em 1947, Robert Dumas encomendou o primeiro lenço a Ledoux, que continuou trabalhando para a Hermès e desenhou mais noventa *carrés*, muitos com cenas equestres ou navais, e sua habilidade para desenhar cavalos impressionou bastante Dumas. Alguns lenços criados por ele, como o Napoleón (1963), La Comédie Italienne (1962) e Cosmos (1964), estão entre os mais cobiçados por colecionadores.

Ao longo dos anos, a Hermès contratou muitos designers, incluindo alguns nomes famosos como A. M. Cassandre, o premiado artista gráfico da art déco cujo estilo único era uma combinação de cubismo e surrealismo. Além de seu popular lenço Littérature, de 1952, a ilusão óptica de Perspective (1951) foi relançada desde então em várias cores, e às vezes é chamada apenas de lenço "Cassandre".

ABAIXO: O renomado artista gráfico da art déco A. M. Cassandre criou o lenço Perspective em 1951, que a marca recriou muitas vezes desde então. Esse esquema de cores específico foi lançado em 1995.

Outros colaboradores eram especializados em caça e motivos equestres, além de história naval, temas que remetem à história da empresa e aparecem de forma recorrente em seu catálogo.

Quando Jean-Louis Dumas assumiu o comando da Hermès no lugar de seu pai, em 1978, sua determinação de aproximar a marca de uma geração mais jovem se apoiou no *carré* de seda, dessa vez com a publicidade voltada para as jovens parisienses modernas. Dumas era um homem moderno, e esse fato, combinado à sua paixão por viagem e fotografia, influenciou bastante as estampas encomendadas por ele para os lenços. Em 1989, houve um ponto de virada, quando a controversa exposição Magiciens de la Terre (Mágicos da Terra) aconteceu no Centro Georges Pompidou em Paris e no Grande halle de la Villette. A mostra contou com cem artistas do mundo todo, metade dos quais vinha de países não ocidentais, e examinava não só a história estética da arte, mas também seu impacto social. A exibição inspirou Jean-Louis Dumas a ampliar o alcance artístico dos lenços Hermès, buscando retratar um caleidoscópio global por meio de uma variedade de temas e técnicas de design. Entre os artistas convidados para isso, está o único norte-americano a criar um lenço para a Hermès até hoje: o pintor afro-americano Kermit Oliver. Desde 1986, ele produziu vinte ilustrações opulentas e coloridas, inspirado por sua experiência com o povo nativo americano e com a vida selvagem. Uma de suas primeiras criações, La Faune et Flore du Texas, retrata uma ampla variedade de flores do Texas e a fauna local, com mais de cinquenta animais nativos no detalhe da borda.

No total, há mais de dois mil lenços nos arquivos da Hermès, entre eles modelos *vintage* populares bastante procurados por colecionadores. Alguns designers mais recentes também ganharam reconhecimento, e suas primeiras edições são vendidas com rapidez. Um exemplo é a artista francesa Annie Faivre, que produziu quarenta modelos desde 1979, em um estilo abstrato e colorido que costuma incluir animais, como o seu famoso macaco. Colaborações mais recentes contaram com o artista e ilustrador Ugo Gattoni, nascido em Paris, e a artista multimídia Zoè Pauwels, além de novos artistas jovens como a londrina Alice Shirley, incorporada à equipe de designers da Hermès, sempre em evolução. Em 1986, a empresa passou a lançar um tema anual, que começou com a Chasse en Inde (Caçada na Índia). Dentro desse tema, cerca de uma dúzia de lenços são criados, junto às reedições regulares de estampas antigas. Apesar da ampliação dos temas retratados nos lenços, a marca frequentemente retorna ao seu passado equestre, porém com um viés mais moderno.

AO LADO: O pintor afro-americano Kermit Oliver é o único norte-americano até hoje a colaborar com a Hermès, e suas ilustrações da fauna e da flora do Texas, bem como do estilo de vida nativo norte-americano, resultaram em alguns dos lenços mais criativos da Hermès. Um exemplo ilustrativo é o lenço The Pony Express, de 1993.

ACIMA: Cores vibrantes como neste lenço de seda Le Pégase, criado por Christian Renonciat em 2011, tornaram-se uma marca registrada dos lenços Hermès nos anos mais recentes, mas as referências à mitologia grega e, é claro, ao tema equestre continuam remetendo à tradição da marca.

ACIMA: Temas equestres são comuns nos lenços da Hermès, e o icônico Cosmos, criado por Philippe Ledoux em 1966, inclui figuras montadas em carruagens puxadas por cavalos nos quatro cantos do lenço.

A CONFECÇÃO DOS *CARRÉS* DE SEDA

Os primeiros *carrés* da Hermès eram feitos com seda importada da China e se mostravam duas vezes mais resistentes do que outros lenços do mesmo material. Hoje, os lenços são tão duráveis quanto, graças aos 450 mil metros de fio de seda bruta necessários para produzir um único lenço de 90 cm × 90 cm. A seda vem da fazenda de seda ecológica da própria Hermès no Brasil, localizada no sul do Paraná, onde as mariposas *Bombyx mori*, produtoras de seda, alimentam-se de folhas de amoreira, fazendo casulos que produzem um fio de seda de apenas 1.500 metros cada. Portanto, são necessários 300 casulos para cada lenço. A Hermès só utiliza a seda certificada com nível 6A, a mais fina do mercado. Criar o produto final, do design à impressão, pode levar até dezoito meses – um processo artesanal que justifica o preço elevado dos lenços.

À DIREITA: Os lenços Hermès já foram usados de forma criativa, como na famosa imagem de Grace Kelly, que, depois de machucar o braço, usou seu lenço de seda para improvisar uma tipoia, enquanto se preparava para embarcar no iate de Aristóteles Onassis.

AO LADO: O método de estamparia "Lyonnaise", utilizado para produzir os lenços da Hermès, é complexo e demorado. Depois que o desenho é finalizado de forma meticulosa, as cores são adicionadas com cuidado em camadas. Embora a Hermès tenha abandonado o método totalmente manual em favor de um modelo mecanizado em 2014, cada etapa é monitorada de perto por artesãos treinados antes que os lenços sejam cortados e enrolados à mão.

Os lenços, por sua vez, são tecidos em Lyon, na França, o centro da indústria da seda na Europa desde o Renascimento. A colaboração entre a Hermès e os Ateliers A.S., que estampam os lenços da marca, começou em 1948, quando Émile Hermès e Robert Dumas passaram a usar o método de impressão "Lyonnaise", desenvolvido pelo gravurista Marcel Gandit, pelo químico Auguste Arnaud e pela especialista em cores Aimé Savy. A expertise técnica oferecida por esse novo método de impressão proporcionava uma reprodução extraordinariamente precisa dos desenhos originais, feita com cores ricas e vibrantes. Hoje, uma equipe de especialistas em cores cria tabelas e mistura os tons exatos, todos criados no próprio ateliê.

O processo de serigrafia é feito em camadas. Um corte esticado de seda é tingido com uma cor por vez, usando telas laboriosamente entalhadas que levam até 750 horas para serem criadas. Contudo, desde o advento da tecnologia computacional, a gravação de fotos a partir de arquivos digitais facilitou o trabalho dos gravadores. É uma operação extremamente precisa: cada camada de metal coberto por tela precisa estar perfeitamente alinhada para evitar que a cor vaze.

Embora muitas impressões com esse método usem menos de dez camadas, os lenços da Hermès costumam usar de vinte a trinta telas individuais, e algumas estampas exigem até 46 camadas. Cada camada leva cerca de 20 horas para ser impressa, então um desenho completo pode levar até 700 horas. A Hermès mecanizou seu processo de produção por volta de 2014, porém a impressão é monitorada de perto por artesãos que passam por um treinamento de até três anos e só são autorizados a trabalhar efetivamente com os lenços no último ano. Mesas de 150 metros de comprimento permitem que rolos enormes de seda sejam esticados e preparados para a impressão. Um artesão é posicionado a cada 40 metros para monitorar a velocidade, regular a cor e checar se as marcas de impressão estão sendo seguidas com precisão. A tinta é fixada por vapor, depois os lenços são lavados, enxaguados, secos e, por fim, enrolados à mão e debruados com fio de seda. Cada lenço é examinado meticulosamente para garantir que não haja nenhum defeito antes de ser liberado para venda.

AO LADO: Um uso mais atual do lenço Hermès é adotado aqui por Olivia Palermo, que o vestiu como uma máscara de proteção improvisada, em julho de 2020, em Nova York.

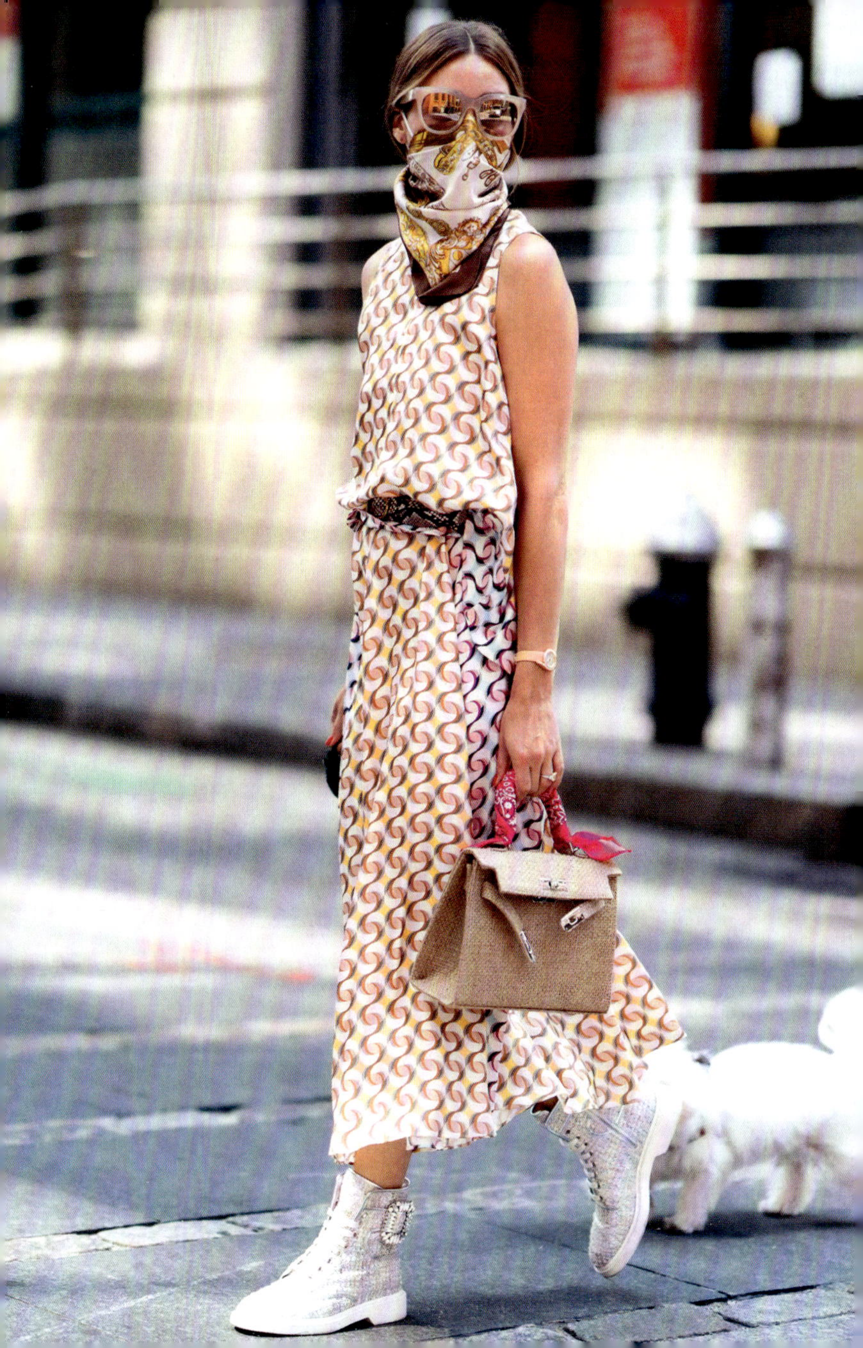

ARISTOCRATAS E CELEBRIDADES

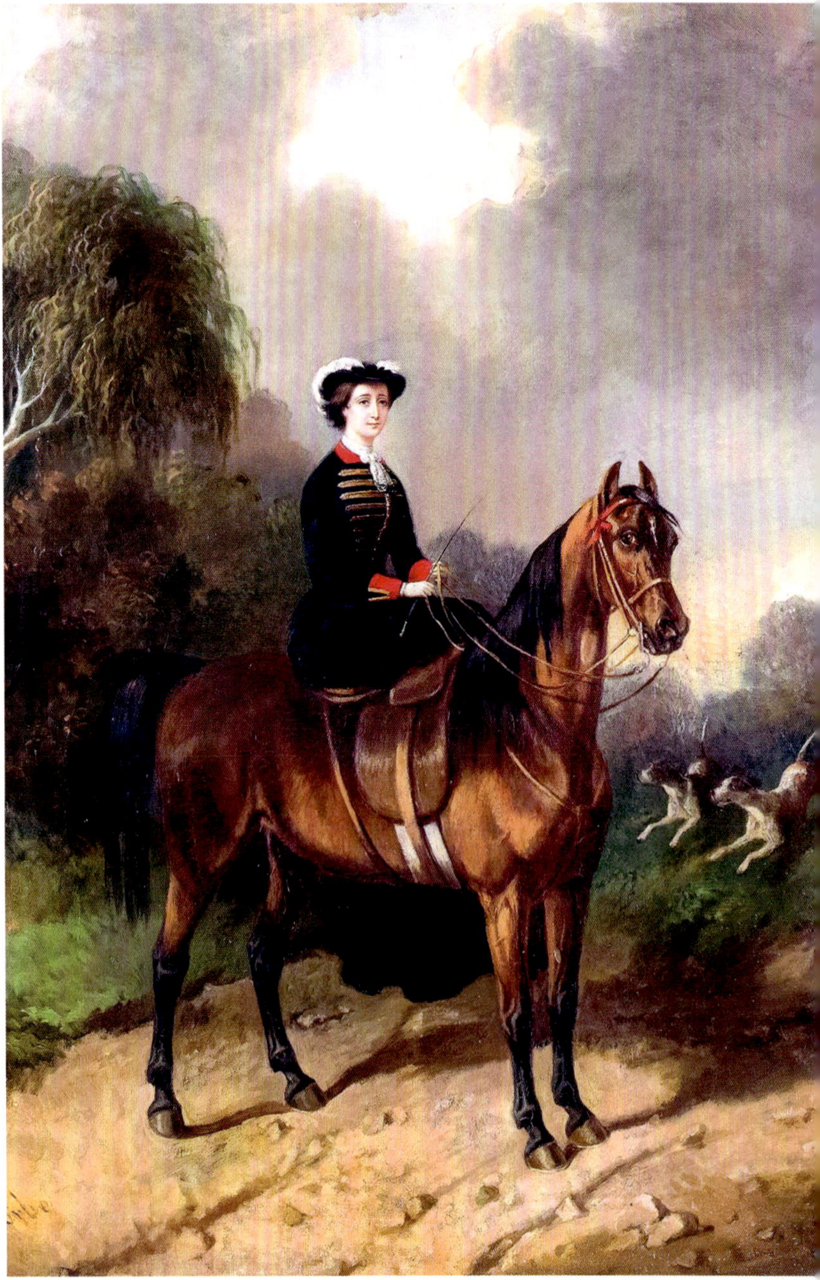

PRINCESAS, PATRONOS E PERSONALIDADES

Desde que Thierry Hermès fundou sua empresa de selaria em 1837, a Hermès atrai os clientes de maior prestígio. A imperatriz Eugênia, esposa de Napoleão III, foi uma das primeiras patronas dos artigos de equitação, e outros nobres europeus logo a seguiram.

Nos anos 1880, quando Charles-Émile Hermès assumiu os negócios e abriu a loja de Paris, na Rue du Faubourg Saint-Honoré, a Hermès passou a receber encomendas de arreios e rédeas por parte de *socialites* e aristocratas de lugares longínquos, como o norte da África, a Ásia e as Américas.

A tradição de atender à realeza continuou depois da virada do século XX, e uma encomenda de selas feita pelo tsar da Rússia em 1914 precisou de uma equipe de oitenta funcionários para ser produzida. A realeza britânica também tem uma relação de longa

AO LADO: A imperatriz Eugênia, esposa de Napoleão III, foi uma das primeiras patronas dos artigos de equitação da Hermès.

ABAIXO: O duque e a duquesa de Windsor eram conhecidos por sua paixão pela moda e acessórios de luxo. A Hermès criou vários artigos únicos para o casal real, personalizados com suas iniciais.

AO LADO: O imperador Nicolau II, tsar da Rússia, foi protagonista de um episódio famoso em que encomendou uma grande quantidade de selas da Hermès.

data com a Hermès. Uma jaqueta de golfe feita de couro, criada em 1928 para Eduardo, príncipe de Gales, foi inovadora ao usar um fecho de zíper, na época patenteado com exclusividade pela Hermès na Europa. O duque de Windsor, que se tornou duque após abdicar do trono britânico, e sua esposa, Wallis Simpson, eram grandes fãs da Hermès.

Simpson era conhecida por sua devoção à alta moda, tendo declarado certa vez: "Não sou uma mulher bonita. Não tenho nenhum atrativo para se olhar, então a única coisa que posso fazer é me vestir melhor do que todo mundo".

Para o duque de Windsor, era um desafio comprar presentes para a esposa, que já tinha tantos itens, mas, em 1947, uma visita a Hermès resultou em um presente bastante incomum. A história foi contada por um porta-voz da Hermès ao *Independent* em 2012: "Ele pediu a opinião de um dos vendedores e lhe disseram: 'Que tal um perfume?', ao que ele respondeu que ela já tinha um carrinho de mão deles. O vendedor disse: 'E luvas, então?'. Ele respondeu: 'É a mesma coisa: ela tem um carrinho de mão delas.'"

THE EMPEROR NICHOLAS II.

AO LADO: O famoso lenço de cabeça usado pela rainha da Inglaterra, Elizabeth II, costuma ser fabricado pela Hermès, incluindo esta versão em amarelo, azul-marinho e cinza que ela usou no Royal Windsor Horse Show em 2017.

Reza a lenda que a designer de vitrines Annie Beaumel, ao ouvir a conversa, sugeriu fazer um carrinho de mão de verdade para a duquesa e enchê-lo de perfumes e luvas. A Hermès fez exatamente isso, criando o carrinho de mão mais exclusivo de todos os tempos, em couro preto envernizado, com braços em latão, gavetas e rodas com revestimento de couro. A peça foi exibida na mostra Leather Forever da Hermès, em 2012, na Royal Academy of Arts de Londres. Também faziam parte da exposição um mata-borrão em xadrez tartan Royal Stuart gravado com o "E" da inicial de Eduardo, uma bolsa de couro estilo escocês e um cinto verde de couro com uma fivela de prata com o brasão do príncipe de Gales dos anos 1940, e várias bolsas, incluindo uma bolsa "H" e uma pulseira Chaîne d'Ancre, que pertenciam à duquesa, tudo personalizado com suas iniciais.

A rainha da Inglaterra, Elizabeth II, famosa por gostar de usar lenços na cabeça, começou a usar os *carrés* de seda da Hermès quando compareceu ao Royal Windsor Horse Show nos anos 1940. Itens essenciais do guarda-roupa real, seus lenços compunham uma extensa coleção. E, em 2016, em homenagem ao aniversário de 90 anos de sua majestade, a Hermès lançou um modelo colecionável em tributo a ela, destinando 100 libras da venda de cada lenço para o Fundo da Rainha. O lenço, que trazia a imagem de quatro cavalos em torno do logotipo da Hermès, fazia referência tanto à tradição da empresa quanto ao amor da rainha por cavalos, e é uma releitura da estampa Tatersale, criada originalmente por Henri d'Origny, em 1980.

A realeza e Hollywood se juntaram na figura da atriz Grace Kelly, que se tornaria princesa de Mônaco, e na fotografia tirada por *paparazzi* em 1957, em que ela escondia a gravidez com uma Sac à Dépêches da Hermès. Tanto Grace Kelly quanto sua colega, atriz e ícone do estilo Audrey Hepburn eram fãs dos lenços da Hermès, assim como Jackie Kennedy, que combinava seu *carré* de seda com grandes óculos escuros. A bolsa preferida de Kennedy era a Constance, da Hermès, lançada em 1959, e Audrey Hepburn também tinha sua coleção favorita de bolsas Hermès. Uma delas, no estilo maleta de couro, foi criada exclusivamente para a atriz em 1956, em diversas cores.

A celebridade que mais influenciou a Hermès, no entanto, é provavelmente a cantora e atriz Jane Birkin. Desde o lançamento em 1984, depois que Jean-Louis Dumas a projetou especialmente para Jane, a bolsa Birkin se tornou a mais cobiçada de todas da Hermès.

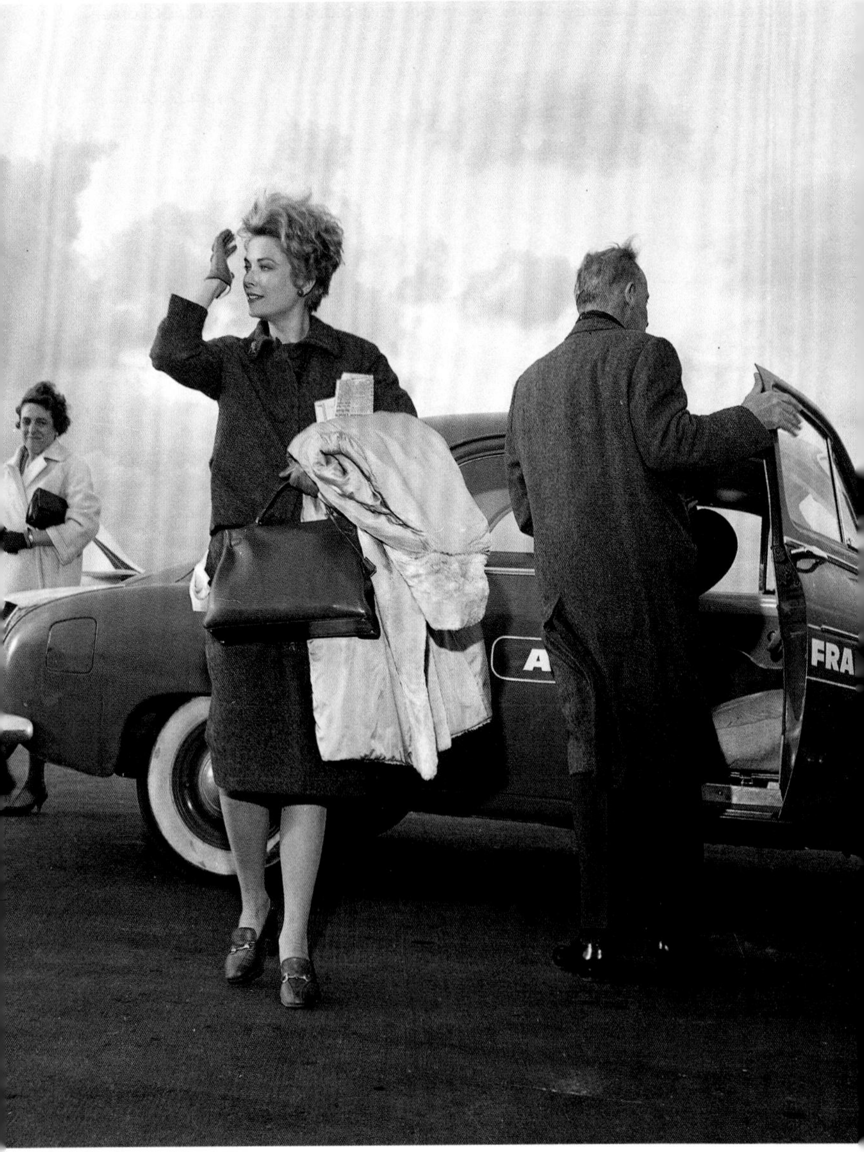

Nas palavras de Jérôme Lalande – um negociante de antiguidades especializado em artigos de couro do século XX – à BBC em 2015: "Ela lançou a Hermès para novos mercados e consumidores, mas também mudou a clientela típica da marca".

Ironicamente, a própria Birkin vendeu as quatro bolsas que ganhou da Hermès, preferindo usar o dinheiro em suas instituições beneficentes. Em 2011, ela declarou a *Women's Wear Daily*: "Vendi uma das minhas bolsas Birkin por US$ 163 mil para ajudar a Cruz Vermelha do Japão. Então, essa peça de bagagem aparentemente trivial acabou fazendo muito bem ao mundo".

Ela também usou sua influência para garantir que outras organizações sociais fossem apoiadas pela Hermès, que oferece um pagamento anual para as causas escolhidas pela atriz em troca de continuar a usar seu nome. Apesar da relação amigável entre a Hermès e sua maior musa, houve uma polêmica em 2015, quando Birkin se opôs a Hermès diante de denúncias feitas por defensores dos direitos animais da PETA que alegavam que a empresa tratava com extrema crueldade os crocodilos e jacarés cujo couro era

AO LADO: Grace Kelly raramente era fotografada sem sua icônica bolsa Kelly. Aqui a princesa aparece em Orly, na França, em 1961.

ABAIXO: Uma luxuosa bolsa de mão Malette em couro vermelho da Hermès, que teria pertencido a Grace Kelly. A bolsa foi um sucesso nos anos 1950 e 1960 por seu compartimento para joias exclusivo, que tinha seu próprio fecho e chave, separados dos da bolsa principal.

utilizado na fabricação da bolsa Birkin Croco. Jane Birkin pediu para que seu nome fosse retirado da versão da bolsa até que práticas éticas fossem adotadas. A Hermès imediatamente emitiu um comunicado assegurando não só a ela, mas a seus muitos fãs devotos, que a empresa também estava chocada com as imagens e investigaria a fundo a situação. O nome foi mantido.

Em geral, a Hermès não usa o endosso de celebridades, diferentemente de suas concorrentes que produzem artigos de luxo. O fato é que a marca simplesmente não precisa disso, uma vez que muitas celebridades anseiam possuir uma bolsa Hermès. Como resultado, nomes importantes estão entre os poucos a quem a Hermès permite comprar bolsas Birkin e Kelly, e essas celebridades ficam felizes em pagar o preço pedido, validando a marca de forma ainda mais autêntica e eloquente. Isso, combinado à política de edições limitadas, ao tempo que leva para produzir uma bolsa Hermès e à recusa a oferecer qualquer desconto, significa que a Hermès não precisa se dedicar a promover ativamente suas bolsas.

A estratégia claramente funciona, e muitas celebridades parecem possuir pelo menos algumas bolsas Hermès – sendo a Birkin, de longe, a favorita. Para alguns, como Victoria Beckham, cuja coleção chega aos três dígitos, a Birkin clássica aparece em uma infinidade de cores e couros que combinam perfeitamente com cada um de seus looks elegantes. Jennifer Lopez combina suas bolsas com calças de moletom, enquanto Ashley Olsen prefere uma Birkin 35 clássica, e Kate Moss usa a sua como bolsa de maternidade – seguindo os passos de Jane Birkin, já que um dos pedidos feitos na criação da bolsa original era acomodar tudo o que uma mãe atarefada precisava carregar.

Já outras celebridades são atraídas por algo mais incomum. A bolsa mais extravagante que um marido já deu deve ter sido a que Kanye West (Ye) deu a Kim Kardashian, sua esposa na época, no Natal de 2013: uma bolsa Birkin de US$ 40 mil com uma pintura de três nus e um monstro feita pelo artista norte-americano George Condo. Como as pinturas de Condo são vendidas por milhares de dólares, a bolsa de Kim é valiosíssima.

ACIMA: A atriz e cantora alemã Marlene Dietrich em frente à butique Hermès em Monte Carlo, em 1963.

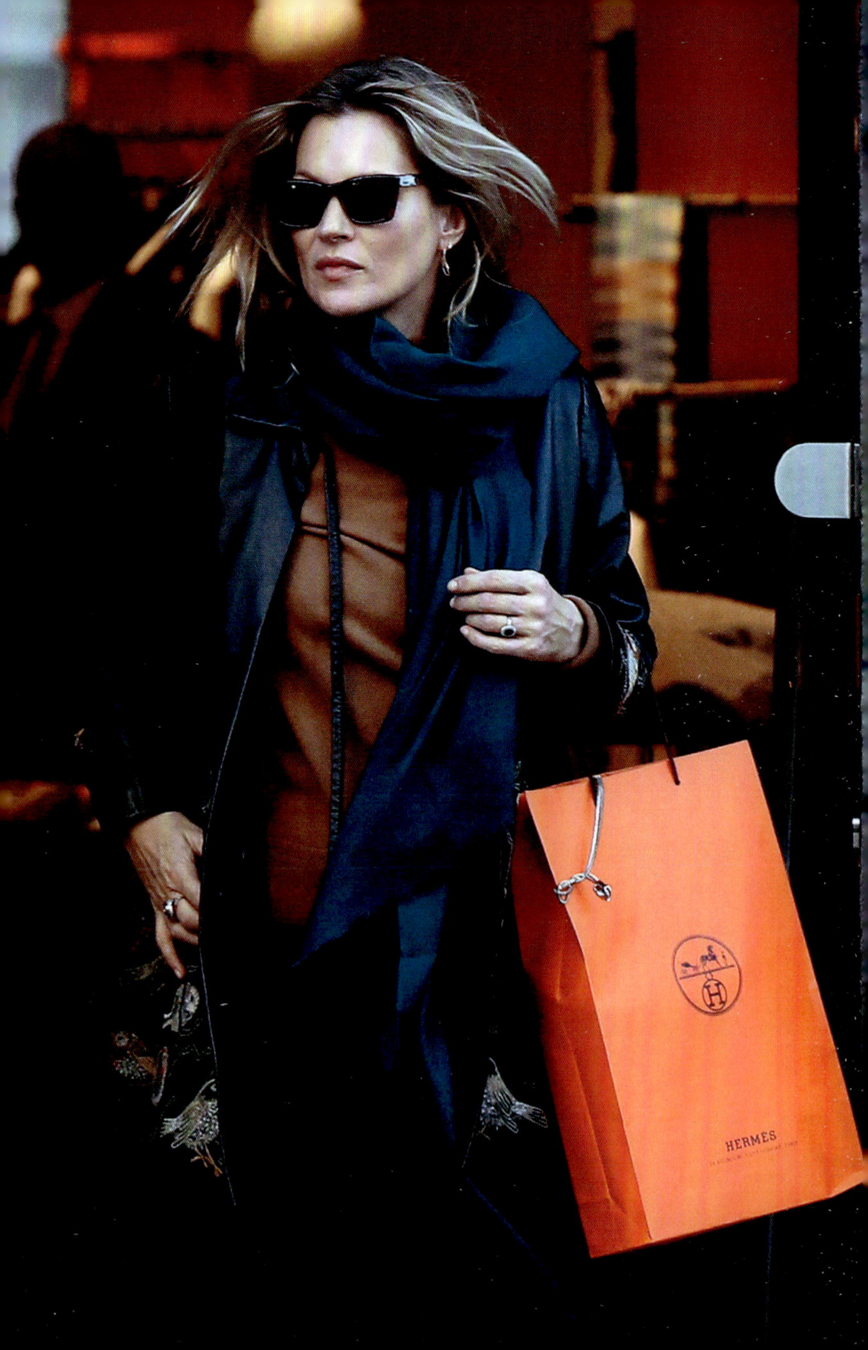
HERMÈS

À DIREITA: Ashley e Mary-Kate Olsen, ambas carregando bolsas Hermès, chegam ao Metropolitan Museum of Art, em 2009.

AO LADO: Kate Moss é uma fã de longa data da marca e aparece aqui saindo de uma loja Hermès na Bond Street, em Londres, em 2018.

A reação à bolsa de luxo, que Condo aparentemente pintou em 15 minutos, a pedido de Kanye West, foi bastante controversa. Fãs e imprensa se perguntaram se aquilo era arte ou desfiguração, deixando as pessoas em dúvida se se tratava de mais jogada de marketing típica do casal. Segundo o que Condo contou à revista *W* na época:

"Kanye e eu sabíamos que as pessoas que conheciam nossa colaboração achariam divertido, mas que os fãs de Kim ficariam furiosos."

Transformar bolsas Birkin em arte virou uma espécie de fenômeno. Khloe Kardashian é fã do grafiteiro Alec Monopoly, que recentemente direcionou seu estilo único – um comentário sobre o capitalismo e os estilos de vida luxuosos na sociedade moderna – para a customização de artigos de luxo. Sua coleção da Hermès tornou-se bastante desejada, ao retratar o personagem Rich Uncle Pennybags com um símbolo de dólar. A bolsa verde neon de Khloe Kardashian também traz uma etiqueta com seu apelido: "KHLOMONEY".

Miley Cyrus também é proprietária orgulhosa de uma Birkin de Alec Monopoly, mas o artista não é o primeiro a sucumbir à tentação de colocar a arte de rua em uma das bolsas de couro mais caras do mundo. Em 2014, a cantora Rita Ora pediu ao artista norte-americano Al-Baseer Holly para que cobrisse sua Birkin preta com uma série de símbolos e manchas de tinta coloridas.

Convidar um artista conhecido para decorar sua Birkin provavelmente só fará aumentar o valor da bolsa, mas Lady Gaga teve uma abordagem mais caseira, customizando sua Birkin preta com taxas de metal em 2010. Uma década mais tarde, a cantora e atriz deixou os admiradores da Hermès horrorizados ao exibir uma Birkin branca na qual rabiscou com caneta-pincel os dizeres "I Love Little Monsters, Tokyo Love" em japonês (referindo-se a seus fãs, apelidados de "little monsters", ou "monstrinhos").

Na verdade, a arte de customizar as bolsas Birkin remonta à própria Jane: ela costumava colar adesivos tipicamente hippies em

AO LADO: Kim Kardashian carregando a Birkin decorada pelo artista contemporâneo norte-americano George Condo, durante a Semana de Moda de Paris, em 2020. A bolsa impactante com a imagem de três nus e um monstro foi presente de Kanye West.

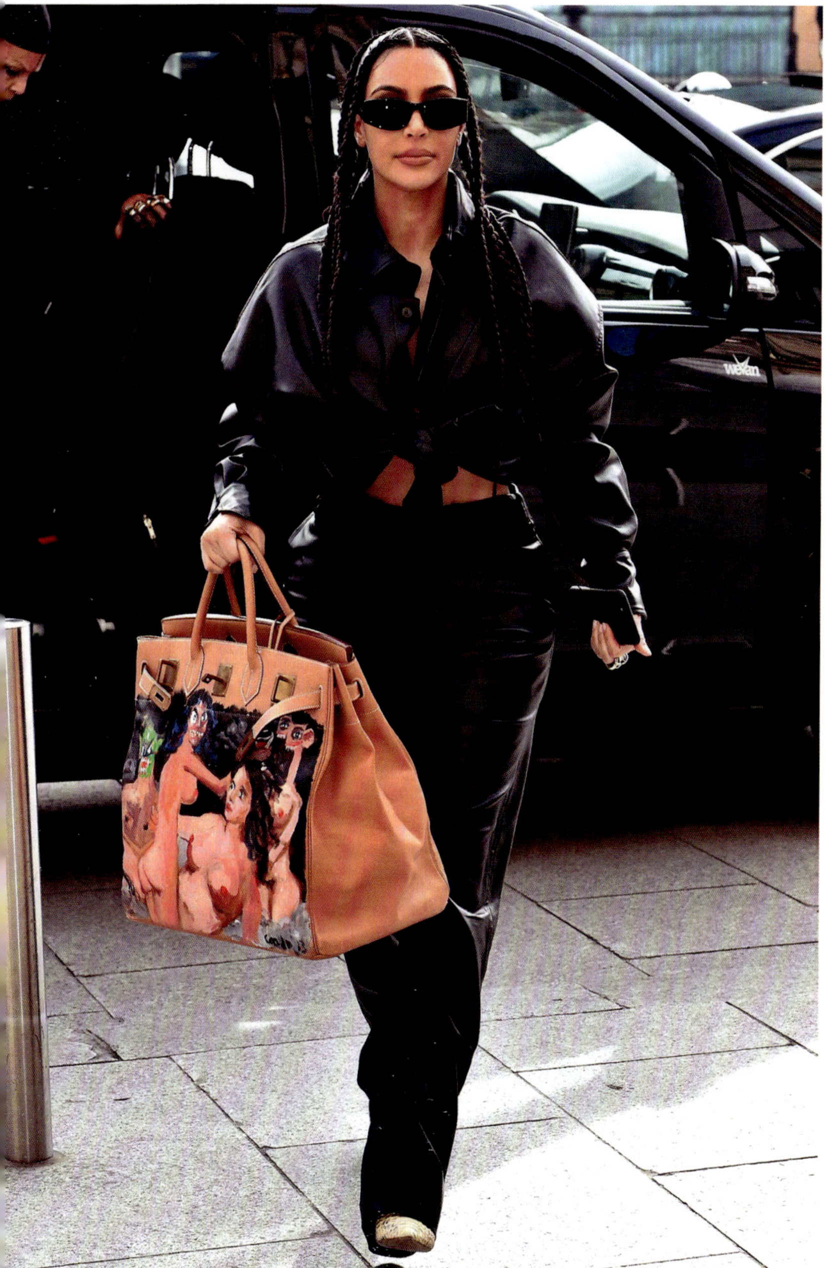

À ESQUERDA: Lady Gaga, no aeroporto Narita, no Japão, em 2012, carregando a Birkin que ela mesma customizou. A bolsa traz os dizeres "I Love Little Monsters, Tokyo Love" (referindo-se a seus fãs, apelidados de "little monsters", ou "monstrinhos"), escrito em japonês com caneta permanente preta.

AO LADO: Chrissy Teigen, vestida de forma casual, mas ainda assim carregando sua rara bolsa Birkin HAC 40 em couro de avestruz da Hermès, em Nova York, 2021.

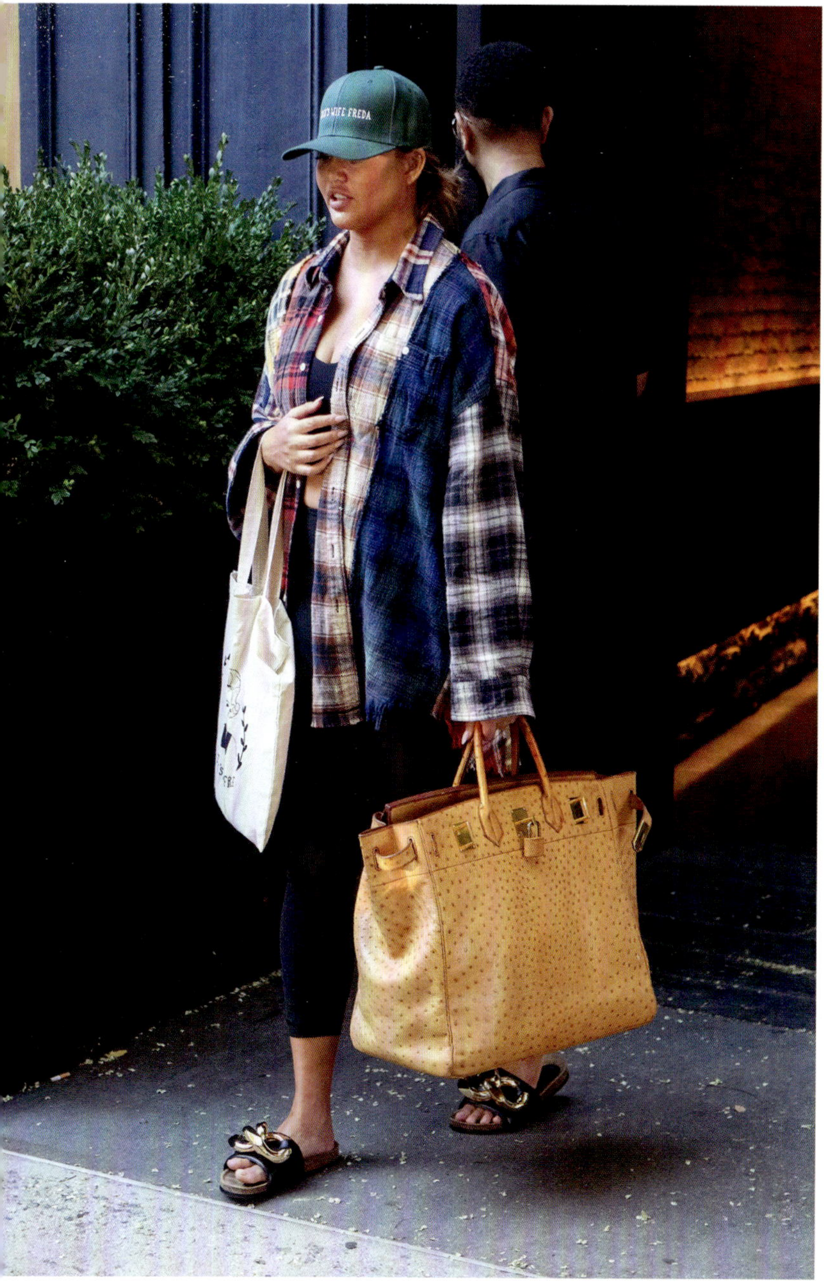
WIFE FREDA

suas bolsas, com frases políticas, além de terços gregos. A atriz Kelly Osbourne seguiu o exemplo em 2014, quando foi fotografada no aeroporto Heathrow com sua Birkin coberta de adesivos de emojis. Talvez vendo nisso uma tendência, a Hermès também produziu edições limitadas customizadas da bolsa Birkin, como uma série bordada pela Jay Ahr, a marca do designer Jonathan Riss, outro favorito do clã Kardashian.

A Hermès também foi uma das marcas de luxo adotadas por *rappers*, assim como a Gucci e a Louis Vuitton. A *rapper* Cardi B é uma grande fã da Birkin – até sua filha pequena tem uma versão cor-de-rosa reduzida da bolsa –, e para celebrar o grande sucesso de seu single "WAP" ela presenteou a colaboradora Megan Thee Stallion com uma Birkin customizada. A bolsa, pintada com uma cena do clipe em que Megan aparece vestida com uma roupa de estampa de tigre em preto e branco perto do animal de verdade, com os dizeres "Be Someone" na parte de trás, foi revelada em um *unboxing* no Instagram aos mais de 22 milhões de seguidores da *rapper*.

Com fãs como esses gerando publicidade na imprensa e nas mídias sociais, parece que a política de exclusividade da Hermès teve um bom resultado. As palavras de Megan Thee Stallion ao abrir a caixa laranja podem não ter sido exatamente o que Thierry Hermès, ou mesmo o moderno Jean-Louis Dumas, imaginou quando buscou criar os artigos de couro mais perfeitos do mundo, mas certamente resumem o que significa ganhar uma bolsa Hermès: "I know you fuckin' lyin', girl! Bitch! Not the Birkin! Not the Houston Birkin! Wow, I'm dead". Frase que pode ser traduzida como "Só pode ser mentira. Fdp! Não pode ser uma Birkin! Não pode ser a Houston Birkin! Uau, morri!".

AO LADO: A *rapper* Cardi B, famosa por sua coleção de bolsas Hermès, aparece aqui em Los Angeles, em 2021, carregando uma Birkin laranja de couro de crocodilo, acompanhada de seu então marido, o também *rapper* Offset.

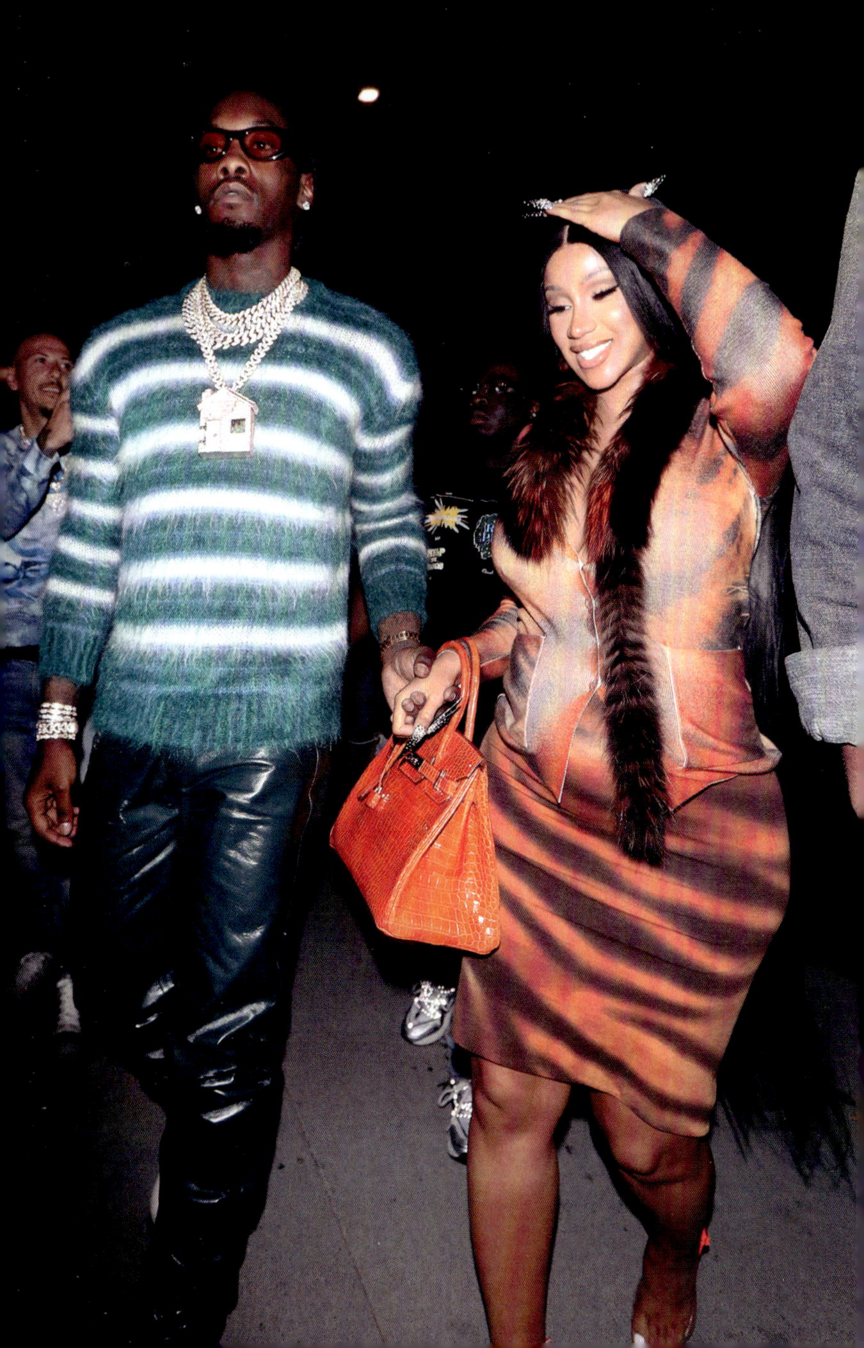

A EVOLUÇÃO DA MODA

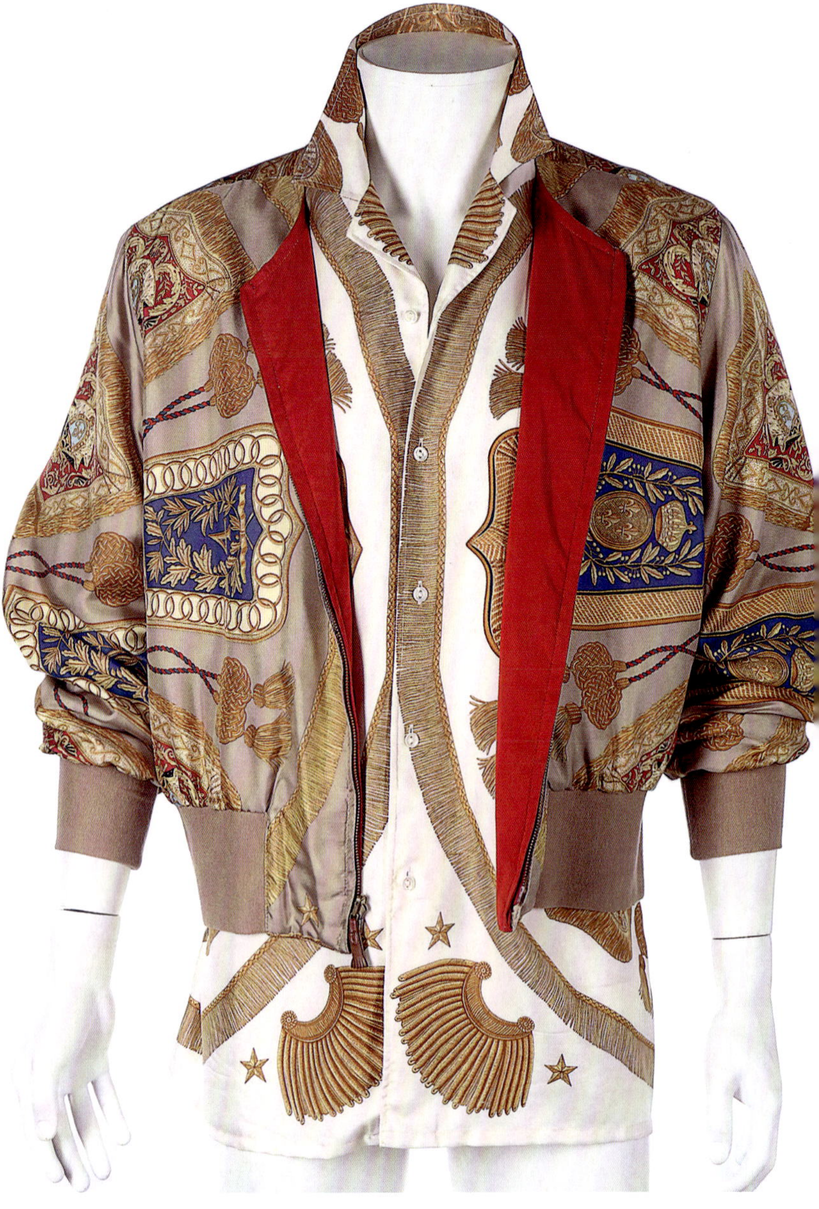

VIRANDO A PÁGINA

Em entrevista ao *New York Times* em 1986, quando a Hermès começou a investir na linha prêt-à-porter, a assessora de imprensa da empresa, Flavie Chaillet, contou sobre como a Hermès começou a confeccionar roupas: "No começo do século, uma mulher chegou e disse: 'Estou cansada de ver meu cavalo mais bem-vestido do que eu. Quando vocês farão roupas para mulheres?'"

Então, os fornecedores de artigos equestres começaram a produzir roupas, todas confeccionadas com o mesmo primor de seus acessórios e bolsas, e, em 1922, as roupas passaram a ser vendidas ao lado dos relógios e das luvas. Nos anos 1960 e 1970, contudo, a popularidade de tecidos sintéticos como o nylon e as primeiras aparições da fast fashion começaram a ameaçar a Hermès, que usava apenas materiais finos e exclusivos e desenhava roupas destinadas a durar anos, em vez de apenas uma estação. O estilo também era uma questão: as roupas continuavam sendo confeccionadas com esmero,

AO LADO: Em 1980, os designers Eric Bergère e Bernard Sanz foram contratados para renovar as ultrapassadas coleções prêt-à-porter da Hermès. Este blusão bomber masculino de seda estampada é característico da época.

e podiam ser consideradas "clássicas", mas não tinham muito apelo comercial, e eram até mesmo antiquadas aos olhos modernos.

Quando Jean-Louis Dumas, ou Dumas-Hermès como às vezes assinava, assumiu a empresa em 1978, estava determinado a transformar a moda da Hermès, tornando-a atraente para um consumidor mais jovem. Uma de suas primeiras campanhas publicitárias mostrava lenços Hermès sendo usados por parisienses urbanas e modernas. Fotografada por Bill King, a campanha tinha um ar de diversão e aventura. Por exemplo, uma imagem mostrava modelos de cabeça para baixo com sedas coloridas saindo da boca.

As imagens eram um prenúncio do que viria a se tornar uma tendência entre as jovens da época: usar os lenços Hermès de forma mais criativa. Surgiram maneiras cada vez mais inventivas de amarrar os lenços, e não demorou para que os *carrés* de seda de cores vibrantes e estampas exóticas fossem transformados em bandanas, minissaias e cintos. Os lenços eram enrolados na alça das bolsas ou até mesmo transformados em uma alça, no estilo japonês Furoshiki. E, em uma emergência, um lenço poderia servir até mesmo para sustentar um braço lesionado, como demonstrou a musa original da Hermès, Grace Kelly.

Mas, deixando de lado os acessórios, a parte que mais precisava de atualização era a das roupas prêt-à-porter. Assim, em 1980, Jean-Louis Dumas contratou Eric Bergère para assumir o comando da moda feminina ao lado de Bernard Sanz, estilista de moda masculina. Bergère comentou, segundo o *New York Times*, que, quando assumiu o comando na Hermès, as roupas pareciam ser feitas para "uma mulher muito, muito, muito velha".

Bergère ficou na Hermès até 1986, modernizando a marca sem sacrificar o compromisso da empresa com a qualidade artesanal mais refinada e os tecidos mais luxuosos. O ateliê de moda ficou conhecido por usar peles de animais exóticos, criando peças marcantes como jaquetas de motociclismo feitas com pele de cobra e jeans em couro de avestruz, bem como por abraçar a estética country completa da classe alta dos anos 1980, incluindo blusas com laços

AO LADO: Tecidos de altíssima qualidade em peças sofisticadas sempre foram fundamentais para a Hermès, e, durante os anos 1980, a moda feminina incluiu clássicos como o sobretudo creme de caxemira, o casaco marrom de tweed e a saia preta de crepe mostrados aqui.

A EVOLUÇÃO DA MODA 119

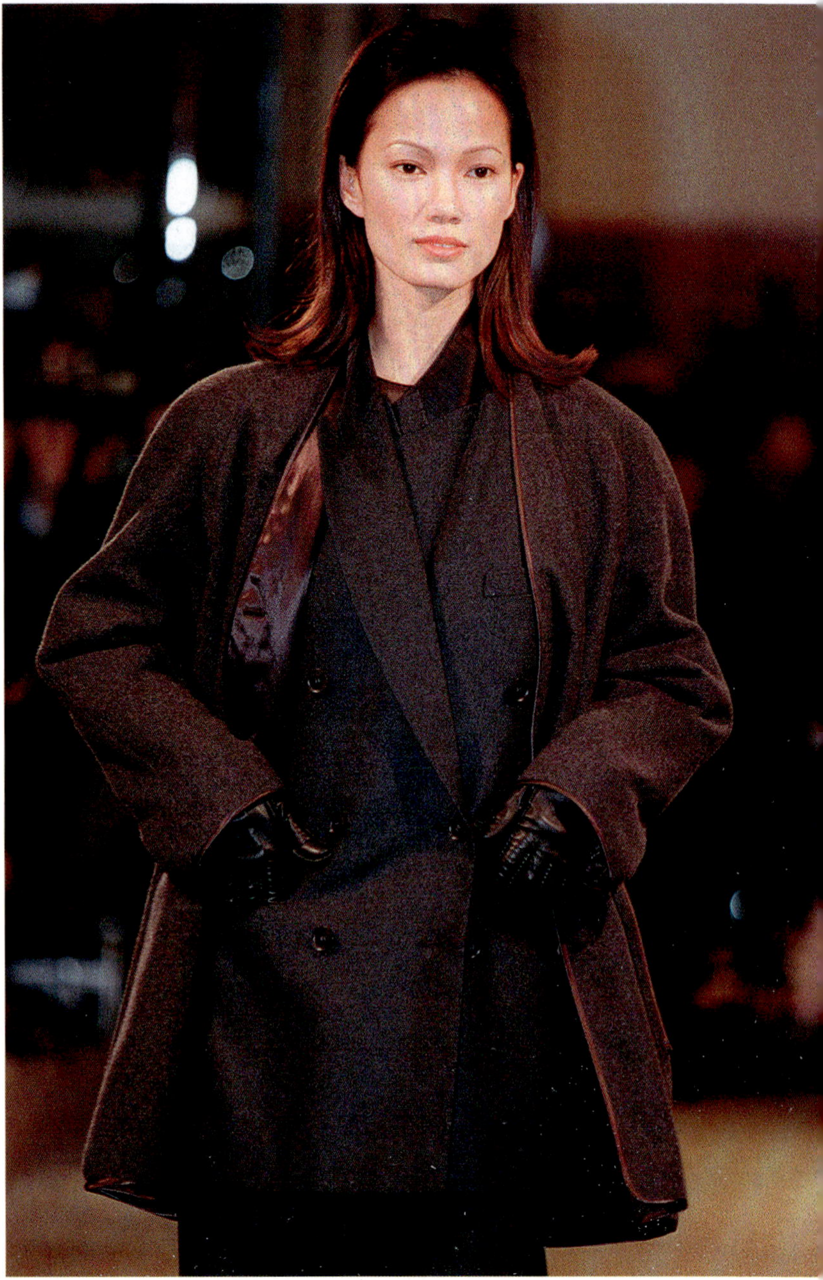

e referências ao estilo britânico "Sloane Ranger". Mais importante, no entanto, foi que, mesmo atraindo um público mais jovem, Bergère continuou fiel ao princípio fundamental da Hermès – de que as melhores roupas e acessórios têm longevidade. Como resumiu Dumas: "Estamos virando uma página… Acho que as pessoas preferem ter estilo a estarem na moda".

MARTIN MARGIELA

Durante os anos 1990, a moda feminina da Hermès era supervisionada por um coletivo de estilistas que incluía Marc Audibet e Thomas Maier, mas, em abril de 1997, em uma época em que as linhas de roupas prêt-à-porter respondiam por apenas 13% dos negócios da marca, Jean-Louis Dumas anunciou que o estilista belga Martin Margiela assumiria a direção criativa de moda feminina. Foi uma contratação controversa, uma vez que o estilista parecia ser a antítese de tudo o que a tradicional casa de moda representava. Enquanto a Hermès priorizava a construção perfeita das roupas, o vanguardista Margiela fez nome com a desconstrução, aproveitando roupas descartadas, que desfazia e reinventava. Seu impactante primeiro desfile, realizado em um playground abandonado nos arredores de Paris, trouxe roupas inacabadas com bainhas desfiadas e tops feitos de bolsas antigas. Em contraste com as roupas e os acessórios da Hermès, que eram feitos com os tecidos mais finos e eram o epítome do que havia de mais refinado.

Ficou evidente que Dumas viu algo em Margiela que os outros não viram. Durante seus seis anos na Hermès, o estilista mostrou que, apesar das diferenças entre as criações para a sua marca homônima e as roupas que desenhava para a Hermès, o ímpeto era o mesmo – desafiar o sistema da moda.

Em 2017, o Museu de Moda MoMu na Antuérpia, Bélgica, exibiu uma mostra intitulada Margiela: os Anos na Hermès. A curadora Kaat Debo, que com perspicácia colocou as roupas da Maison Martin Margiela e da Margiela para Hermès lado a lado, explicou como as duas se relacionavam em uma entrevista à *Vogue*:

AO LADO: O estilista belga Martin Margiela passou a desenhar para a Hermès em 1997, e durante seus seis anos na marca apresentou um *continuum* de roupas de luxo bem cortadas, que priorizavam o uso, e que as mulheres podiam manter em seus guarda-roupas por décadas. Esta composição apresentada no desfile da coleção outono/inverno 1998, com um casaco trespassado de estrutura solta e sobretudo marrom transformável feito em pele de camelo, resume perfeitamente o estilo discreto de Margiela.

A EVOLUÇÃO DA MODA

ABAIXO: As criações de Margiela foram criticadas na época, mas recentemente foram revistas e passaram a ser consideradas um casamento perfeito entre moda e sustentabilidade. Elas agora parecem à frente de seu tempo.

"Estes não são mundos totalmente divergentes… Penso também na visão geral de Martin, resistindo ao sistema da moda, resistindo a algumas obsessões, como o desejo pelo corpo perfeito, a juventude eterna, a inovação e a renovação constantes. Na Maison Martin Margiela, ele resistiu de uma forma bastante conceitual. E, na Hermès, foi por meio do guarda-roupa de lenta evolução… Para mim, isso era 'slow fashion' antes mesmo que esse conceito existisse."

Margiela certamente demonstrou preocupação com a sustentabilidade muito antes que os demais. O estilista sempre desafiou o consumismo, criando roupas com a intenção de que durassem a vida inteira, e nisso ele estava perfeitamente alinhado com a filosofia da Hermès. Sua intenção obviamente funcionou, prova disso foi que muitas das mulheres contatadas para emprestar roupas da Hermès para a mostra de 2017 fizeram-no com relutância, porque ainda usavam as peças cerca de quinze ou vinte anos depois de as terem comprado.

Margiela tinha um talento especial para criar roupas que poderiam ser vestidas de múltiplas formas. Veja, por exemplo, esse casaco de pele de camelo que pode ser usado como uma capa ao passar os braços por fendas muito bem localizadas – uma forma de desconstrução similar à que ele fazia em sua própria marca. Do mesmo modo, ele desenhou suéteres dupla-face e um peacoat com gola removível e fechado por tiras de couro.

Olhando em retrospectiva, as coleções de Margiela para a Hermès não tiveram o devido reconhecimento na época, quando a imprensa costumava depreciá-las e considerá-las sem graça – uma avaliação pela qual muitos dos principais colunistas de moda vêm se retratando. De fato, os casacos e as jaquetas não estruturadas, as calças perfeitamente

À ESQUERDA: As duplas tiras de couro utilizadas com frequência por Margiela, mostradas aqui na forma de cinto, ficaram mais famosas ao serem usadas como pulseira em um relógio que se tornou símbolo da marca.

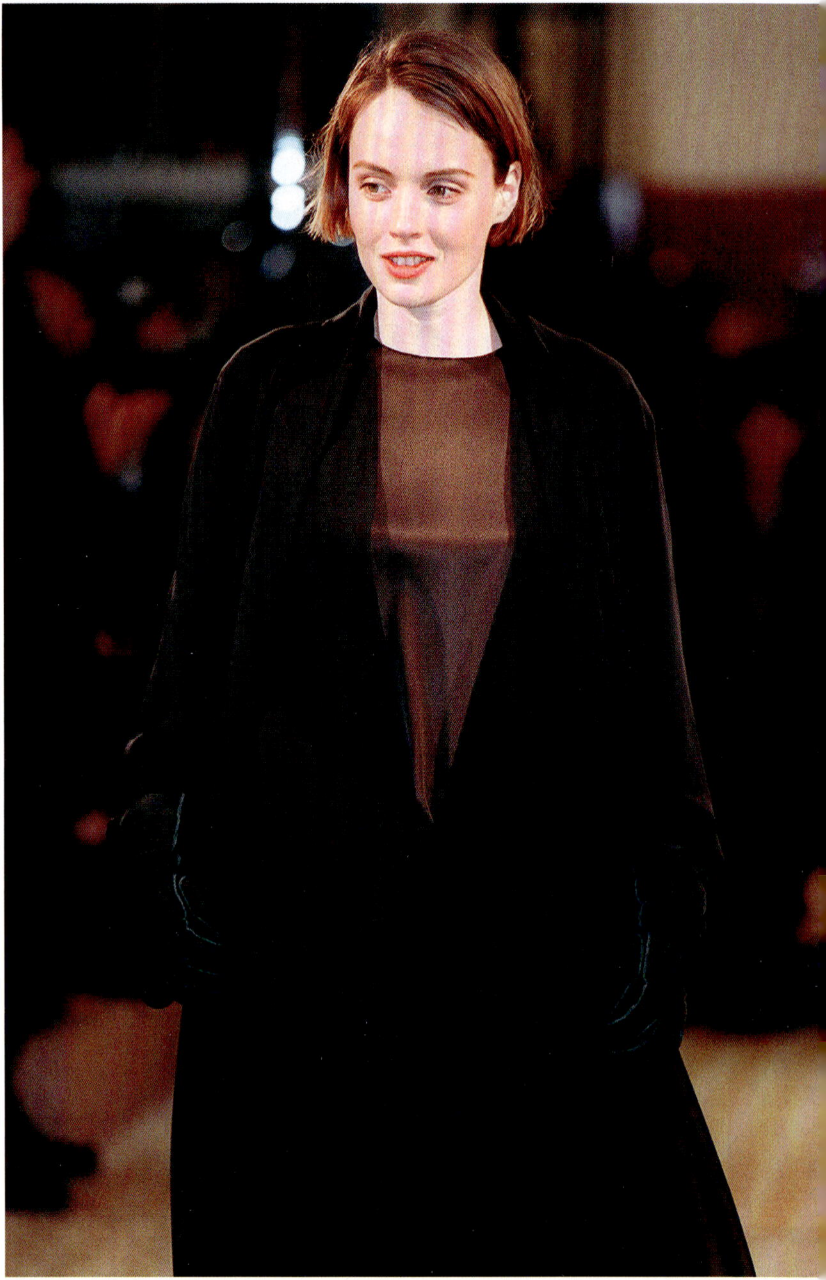

cortadas e os suéteres de luxo, todos em uma paleta sofisticada e de bom gosto que incluía o branco, o cinza e o preto, aquecidos por laranja, caramelo e marrom, eram brilhantemente direcionados à mulher parisiense moderna e elegante. A túnica que valorizava o corpo, com um profundo decote em V, pela qual ficou famoso, chamada de *vareuse*, foi um grande sucesso, e a mesma silhueta apareceu em casacos e blazers.

Essa devoção por criar roupas que valorizavam a mulher, combinada a seu brilhantismo artístico, era a verdadeira força de Margiela na Hermès.

Como sempre, os tecidos luxuosos eram fundamentais para a Hermès, mas Margiela ofereceu longevidade, equilibrando o mundo da indulgência com designs que às vezes beiravam o utilitário. Tratava-se, é claro, de uma marca na qual os consumidores investiam somas consideráveis para comprar suas roupas – peguemos como exemplo uma saia em couro de crocodilo forrada com pele de carneiro da coleção outono/inverno 2000 que, segundo a *Vogue*, custava US$ 31 mil. Por esse preço, era esperado que a roupa durasse mais de uma estação.

Talvez a contribuição mais duradoura que Martin Margiela deu a Hermès foi o relógio com pulseira dupla, uma reinvenção do icônico relógio Cape Cod, criado originalmente por Henri D'Origny em 1991. A peça, que dá duas voltas no pulso, tornou-se um clássico moderno.

Durante as doze temporadas sob o seu controle na Hermès, tanto Martin Margiela quanto suas roupas se esquivaram dos holofotes. Em uma época em que a personalidade dos estilistas era tão importante quanto suas coleções – pense em Tom Ford na Gucci, Alexander McQueen na Givenchy e John Galliano na Dior –, Margiela comunicava-se apenas por fax e adotava uma postura *low profile*. Contudo, os clientes da Hermès estavam contentes e, como mostrou a retrospectiva de seu trabalho no Museu de Moda da Antuérpia, Margiela era um estilista à frente de seu tempo.

AO LADO: Uma das peças de maior sucesso de Margiela foi esta túnica com decote em V profundo chamada *vareuse*.

NO VERSO: Em 2017, a mostra Margiela: os Anos na Hermès aconteceu no Museu de Moda MoMu na Antuérpia. Ao também expor peças da Maison Martin Margiela, a curadora evidenciou de forma inteligente a continuidade da filosofia radical do estilista: quer no grunge desconstruído, quer no alto luxo, ele criava roupas que incorporavam a sustentabilidade e o *slow fashion*.

A EVOLUÇÃO DA MODA

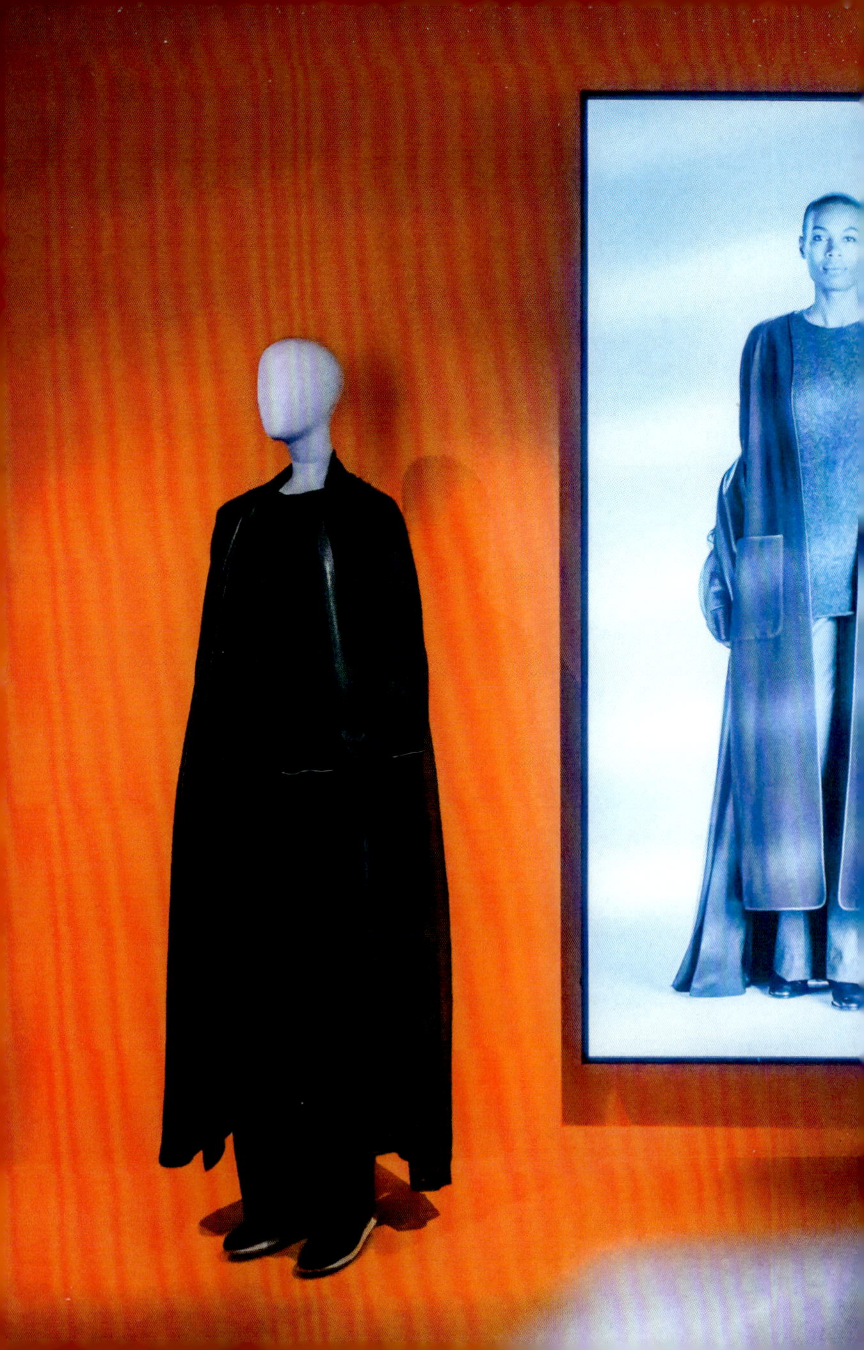

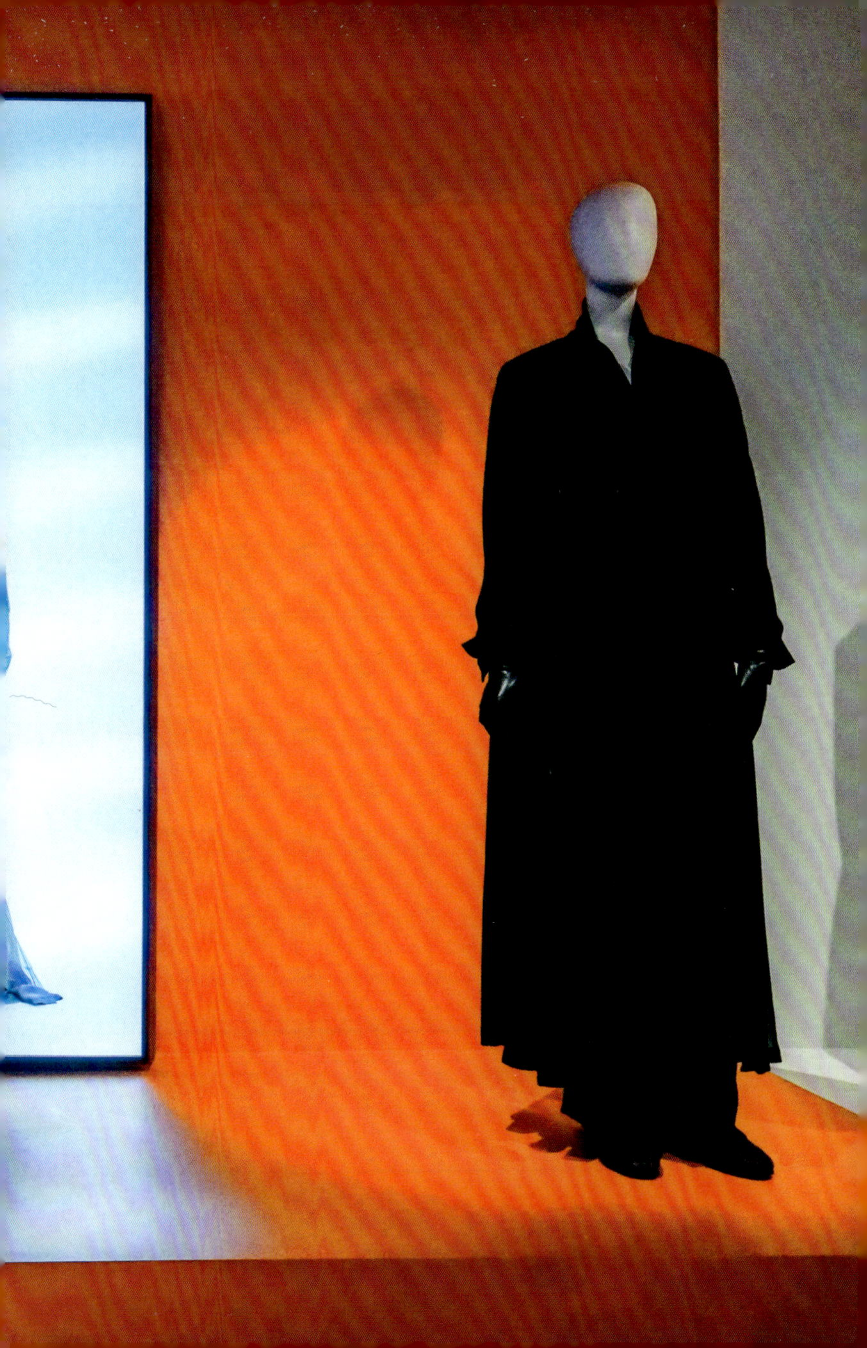

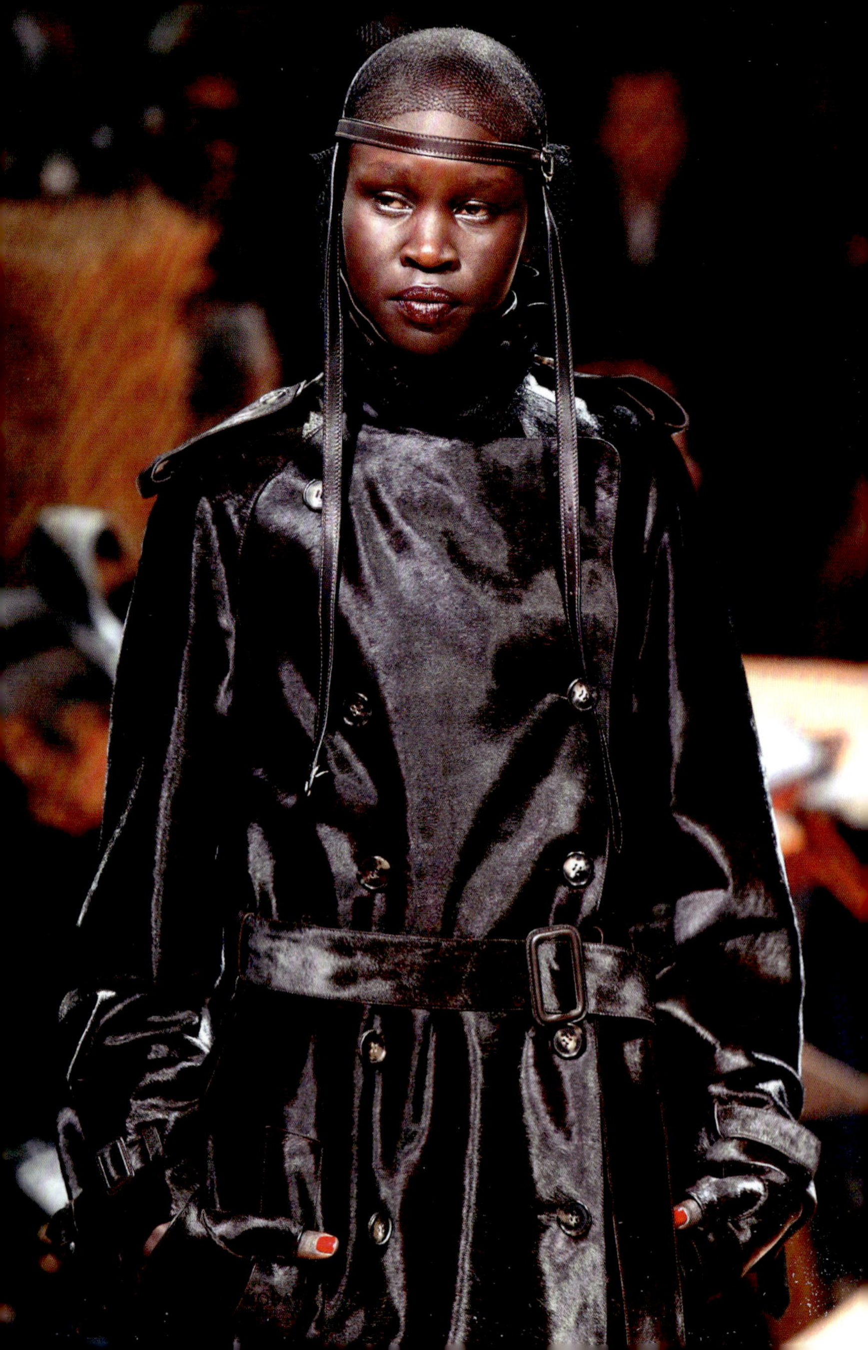

AO LADO: Alek Wek desfila com um sobretudo trespassado de pelo preto brilhante.

JEAN PAUL GAULTIER

Em 2003, Margiela saiu para se concentrar em sua própria marca, e a Hermès confirmou que Jean Paul Gaultier seria seu sucessor. A grife tinha uma relação antiga com Gaultier, desde que adquiriu a participação de 35% de sua empresa em 1999, então era uma escolha óbvia sob vários aspectos. No entanto, em termos de design de moda, a extravagância de Gaultier não podia representar um contraste maior em relação ao estilo discreto de Margiela, mas talvez a Hermès sentisse que precisava de um pouco de teatralidade após a recepção morna dada a Margiela.

Ao aceitar o convite da Hermès, seria a primeira vez que Gaultier, então com 51 anos de idade, desenharia para outra grife que não a sua, por isso sua primeira coleção para o outono/inverno 2004 foi bastante aguardada. Em referência à herança equestre da Hermès, o novo diretor criativo realizou o desfile no espaço de treinamento da Escola Militar de Cavalaria diante de um público sentado em fardos de feno. O tema equestre foi uma grande tendência naquela temporada, e Gaultier abraçou-o totalmente, abrindo o desfile com um conjunto de equitação completo, com cartola e chicote, seguido por saias evasês – estilo jodhpur – e botas de montaria.

Para um estilista com a reputação de criar roupas ousadas, a coleção não foi tão atrevida, embora as modelos usando faixas de couro na cabeça, lembrando arreios, fizessem uma referência sutil ao notório ensaio fotográfico de Helmut Newton para a *Vogue Paris*, em que o fotógrafo (famoso por ter comentado que considerava a Hermès "… o maior sex shop do mundo – com seus chicotes, selas e esporas") usou os artigos de selaria da Hermès em uma cena íntima. A paixão de Gaultier pelos espartilhos também apareceu em uma versão em couro entalhado, usado com calças jodhpur, com uma capa solta e botas de montaria.

Mesmo assim, a coleção foi razoavelmente suavizada, mostrando grande respeito pela tradição da Hermès de tecidos luxuosos, silhuetas elegantes e fluidas e muito couro. As cores estavam dentro da paleta sofisticada e versátil que as clientes da Hermès tanto

AO LADO: A estética equestre sempre será o eixo da tradição da Hermès, e Jean Paul Gaultier logo ofereceu sua leitura singular do estilo dominatrix, colocando Linda Evangelista na passarela em um elegante casaco trespassado com cartola, luvas e chicote de montaria nas mãos.

amam, com toques do laranja da maison e do roxo régio presente em um casaco estruturado em pele de crocodilo. E, entre supermodelos como Linda Evangelista e Nadja Auermann, Gaultier inseriu uma participação especial de Lou Doillon, filha de Jane Birkin, usando uma roupa toda de couro com um chicote de montaria e botas até as coxas.

Com sua experiência em alta-costura, Jean Paul Gaultier era o estilista ideal para levar adiante a tradição de artesanato especializado da Hermès, e suas coleções seguintes para a marca ilustraram isso perfeitamente. Para a coleção outono/inverno 2005, ele desenhou muitos casacos sob medida chiques, saias plissadas de flanela cinza e calças largas e elegantes de tecidos suntuosos em tons vivos de vermelho, bordô e ocre, que brilharam na passarela. Sobretudos e casacos deslumbrantes em pele de carneiro e tom caramelo resumiram bem o estilo luxuoso associado a Hermès.

A alfaiataria inteligente, especialmente com os couros macios da Hermès, esteve presente durante todo o período de Gaultier na marca. Em 2007, ele apresentou uma série de casacos trespassados, sobretudos e casacos evasés, além de uma jaqueta bomber mais casual em crocodilo. Um ano mais tarde, foi a vez dos blazers em uma combinação de camurça e crocodilo, bem como de casacos com cinto perfeitamente cortados. Sua habilidade e atenção aos detalhes continuou até sua penúltima coleção para o outono/inverno 2010, quando fez uma homenagem à personagem Emma Peel, da série televisiva da década de 1960 *Os Vingadores*, com um macacão em couro preto, seguido por uma série de roupas de couro justas ao corpo em sua apresentação final na primavera/verão 2011.

O desafio de Gaultier na Hermès era manter o tradicionalismo que as clientes queriam e, ao mesmo tempo, acrescentar um pouco de ousadia em cada coleção. No geral, ele conseguiu isso, misturando as coleções ao alternar entre cores quentes e uma paleta mais preto e branco, todas repletas de roupas extremamente bem-feitas, sem nada da ostentação e das etiquetas chamativas que o seduziram nas coleções para sua marca própria. Tamanhos são a reputação e

A EVOLUÇÃO DA MODA 131

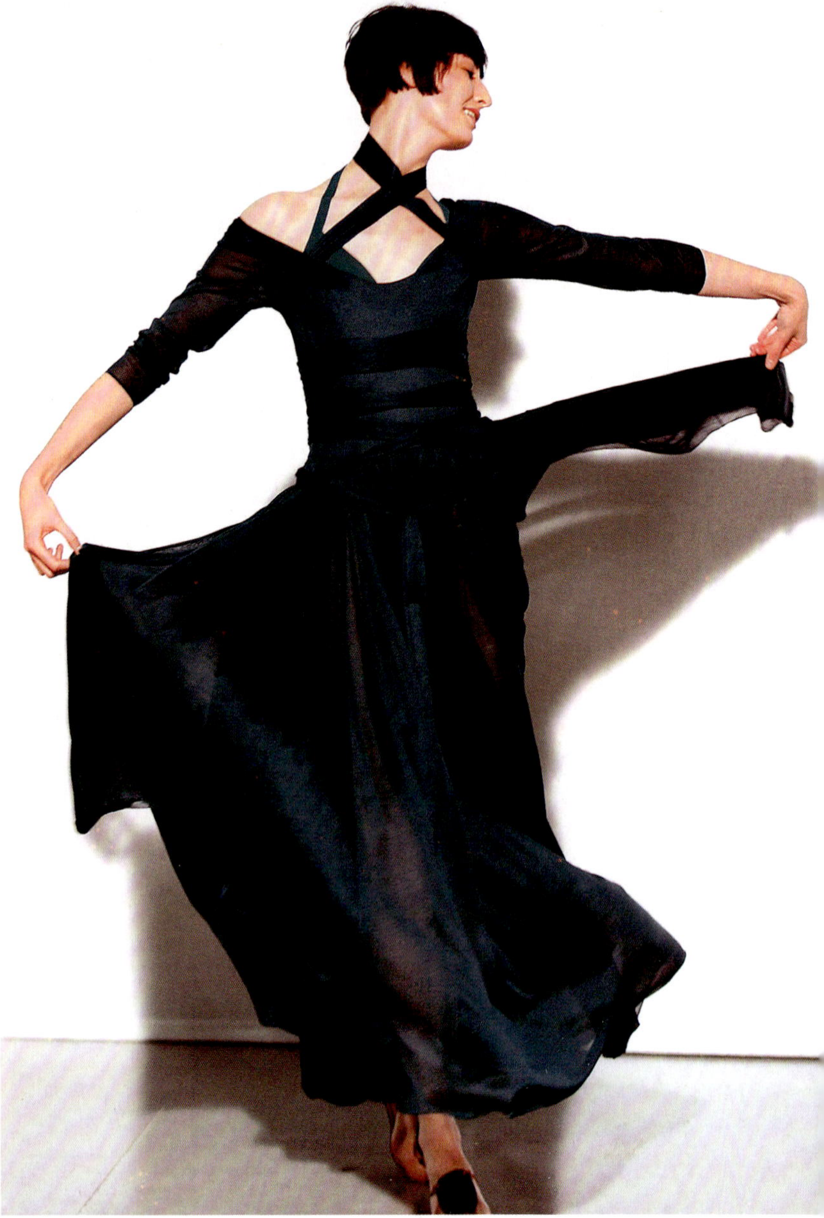

À DIREITA: Este conjunto equestre da coleção outono/inverno 2007 reflete a herança da Hermès tanto no estilo quanto na paleta de cores, com um casaco de cauda trespassado, calças jodhpurs de cetim elástico, botas de montaria, boné de camurça e luvas combinando.

AO LADO: A notória paixão de Gaultier por temas de bondage em suas criações de moda é suavizada para a Hermès neste elegante vestido com tiras usado por Erin O'Connor para a coleção primavera/verão 2005.

AO LADO: O tom laranja da Hermès, de reconhecimento instantâneo, é trabalhado em camurça e couro neste suntuoso casaco, combinado com lenço com estampa paisley e bolsa no mesmo padrão para a coleção outono/inverno 2008.

os valores da Hermès que, quando Gaultier tentou algo diferente, a imprensa de moda chamou-lhe a atenção. Por exemplo, sobre a coleção primavera/verão 2007, Nicole Phelps reclamou na *Vogue* que "… nem tudo transmitia a elegância tradicionalmente associada à marca".

O sucesso das coleções de moda da Hermès reside principalmente no apelo à sua rica clientela, e em seus últimos anos na maison as coleções de Gaultier refletiram cada vez mais o comprador internacional que a marca estava atraindo. Primeiro veio um aceno à Índia com as jaquetas Nehru e túnicas de camurça bordadas, junto a uma releitura de um sári para a noite. Um ano depois, ele viajou ao Velho Oeste. O tema comum a todas essas coleções era o estilo equestre na forma de botas de montaria, estampas de ferraduras, chapéus e chicotes de equitação, este um adereço comum em suas passarelas.

É importante lembrar que as roupas da Hermès também servem de pano de fundo para os acessórios pelos quais a marca é tão renomada. Gaultier brincou com eles ao mudar as proporções logo no primeiro desfile, quando apresentou uma Birkin alongada e criou de tudo, desde miniaturas de bolsas Kelly de crocodilo até uma versão oversized, que ele mesmo usou com orgulho na passarela. Ele também adaptou as icônicas bolsas da marca a cada estação, até mesmo acrescentando franjas para sua coleção Velho Oeste. Conhecidos por suas estampas icônicas, os lenços receberam uma atenção especial de Gaultier ao serem transformados em roupas ou pendurados sobre uma bolsa clássica.

Jean Paul Gaultier saiu da Hermès para se concentrar em suas próprias linhas de roupas de alta-costura e prêt-à-porter, mas sua saída foi cordial. A Hermès divulgou um comunicado na época que dizia: "A Hermès tem profunda gratidão a Jean Paul Gaultier por sua excepcional contribuição criativa durante os últimos sete anos". A relação permaneceu forte entre ambos, e a Hermès manteve uma participação de 45% na marca de Gaultier.

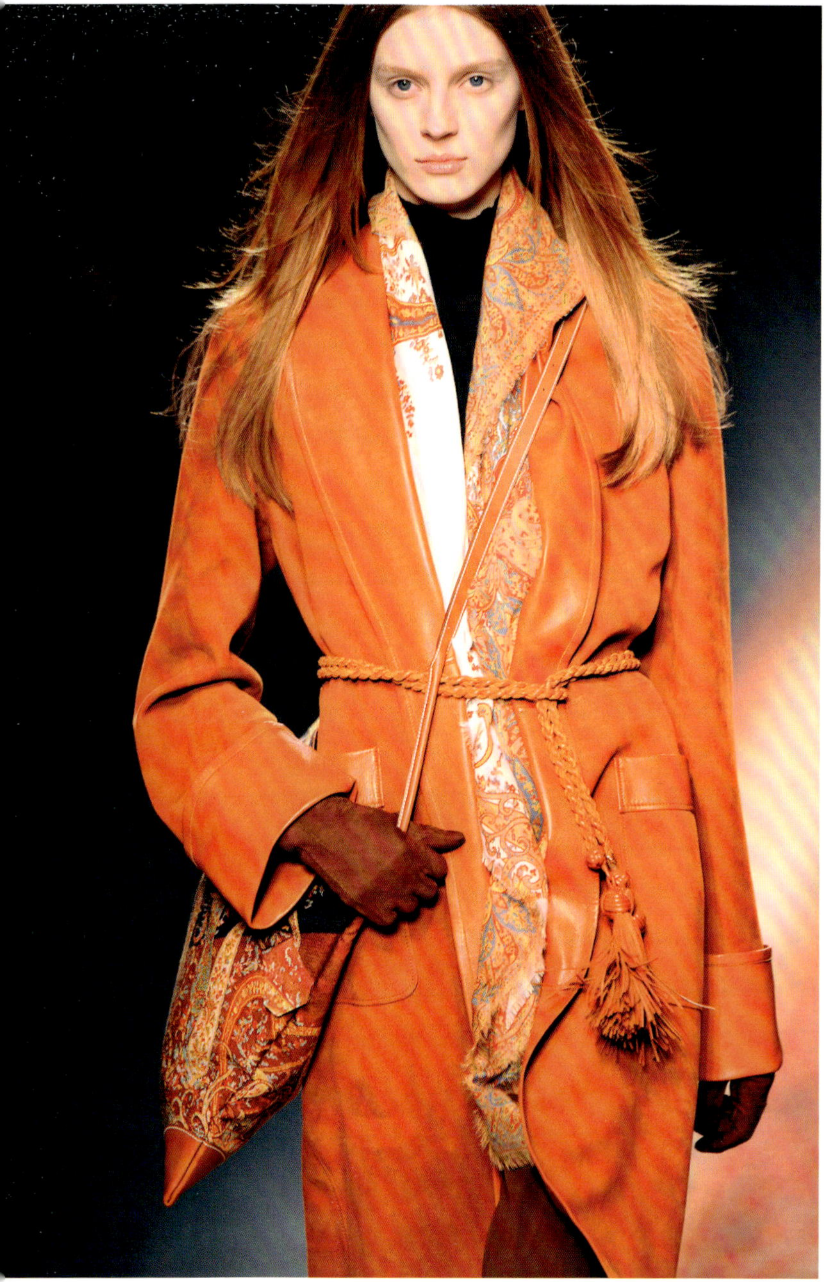

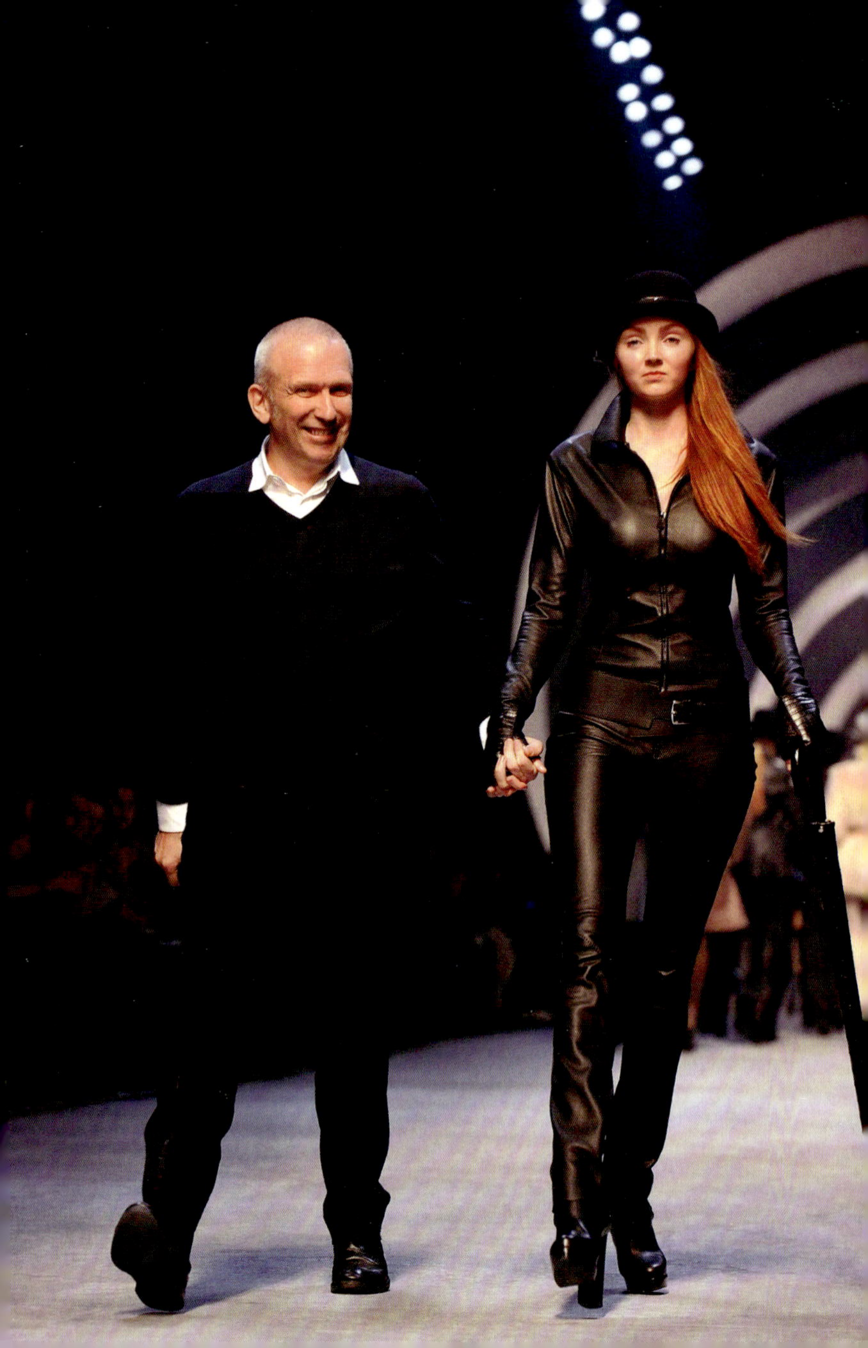

À DIREITA: A habilidade de Gaultier na confecção de espartilhos se traduz aqui em um colete de couro marrom de alfaiataria e uma minissaia, combinados com várias tiras no punho e chapéu no mesmo tom, para seu último desfile, na coleção primavera/verão 2011.

AO LADO: A experiência de Gaultier na alta-costura deu origem a criações para a Hermès que tinham acabamento perfeito, especialmente no uso de couro e outras peles de animais. Aqui o estilista se apresenta ao final do desfile com a modelo Lily Cole, que usa um macacão de couro preto, estilo *Avengers*, depois do penúltimo desfile de Gaultier para a Hermès na coleção outono/inverno 2010.

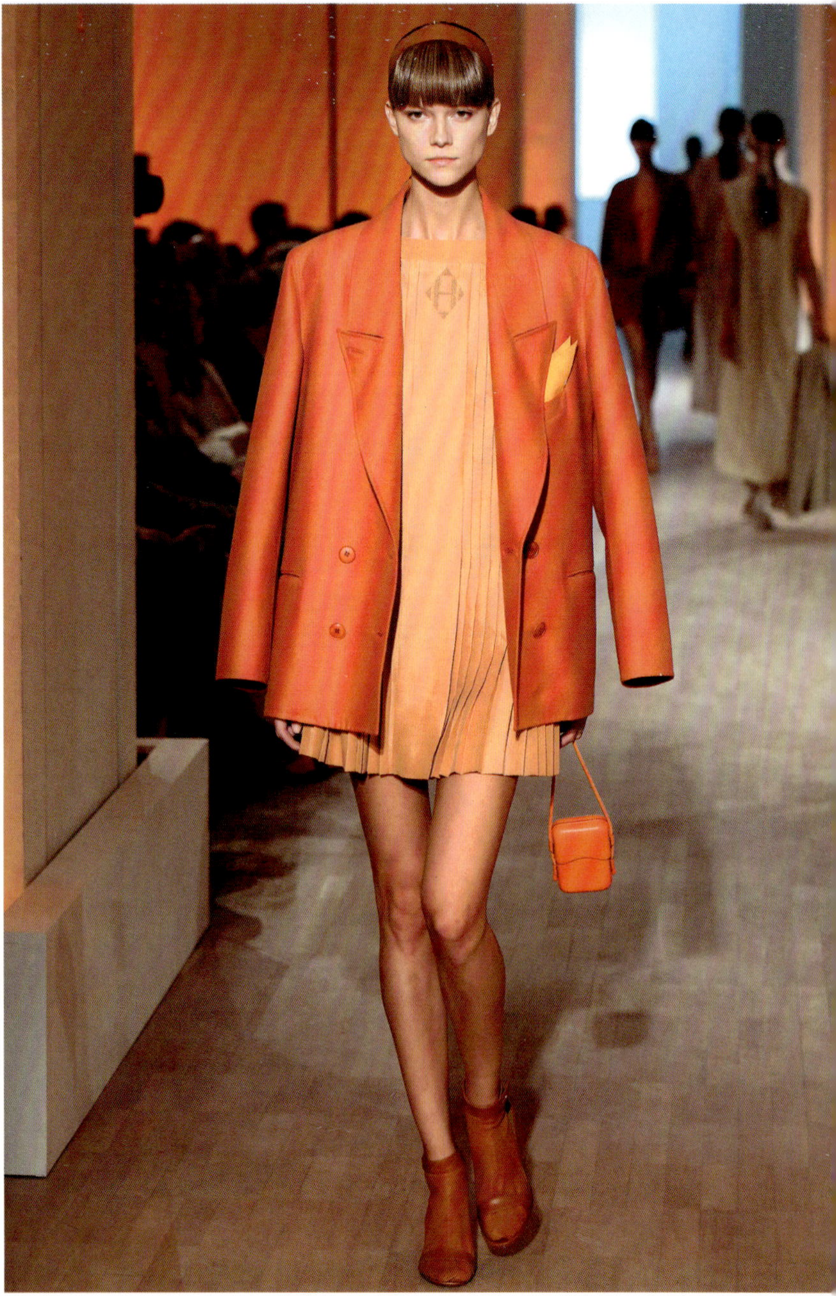

AO LADO: Lemaire acenou para a androginia em sua apresentação de casacos oversized, aqui no laranja clássico da Hermès, para a coleção primavera/verão 2012.

CHRISTOPHE LEMAIRE

Christophe Lemaire assumiu a direção artística da Hermès em junho de 2010, depois de deixar a direção da Lacoste. A nomeação de um estilista menos famoso, de uma marca de moda muito diferente, especialmente para substituir alguém como Jean Paul Gaultier, foi uma surpresa. Lemaire declarou na época ao *New York Times*: "Foi um reconhecimento a Hermès ter me convidado para trabalhar para ela".

Apesar do ceticismo inicial, a coleção de estreia para a Hermès foi bem recebida, e Tim Blanks da *Vogue* declarou que o estilista parecia ter uma "compatibilidade fundamental" com a casa de moda de elite. A coleção fazia referência a silhuetas orientais, com formas longas e drapeadas que lembravam kaftans e quimonos, e luxuosas peles da Hermès modeladas em forma de túnicas. Roupas em branco total eram contrabalanceadas por ricos tons de marrom, ferrugem e amarelo-mostarda, com toques do característico laranja da casa.

Para sua segunda coleção, Lemaire deu continuidade ao tema viagens – que era apropriado para uma casa de moda que no seu início vendia malas –, aventurando-se na travessia do Mediterrâneo até o Marrocos na forma de djelaba e terminando com estampas inspiradas na cultura nativa norte-americana. Mais uma vez, as roupas eram em sua maioria minimalistas e drapeadas de forma elegante, com composições em color blocking em branco e o laranja da Hermès contrastando com tons azul e roxo elétrico. Esse uso confiante de cores fortes e estampas se tornou uma marca do período de Lemaire, especialmente em suas coleções mais suaves de primavera/verão.

Pode-se dizer que Lemaire tinha mais em comum com Martin Margiela do que com seu antecessor imediato, Jean Paul Gaultier. Ambos os estilistas entendiam que a Hermès atendia ao mundo da mulher francesa chique e criaram roupas de acordo. Suas peças eram destinadas a uma mulher independente e segura, bem versada em viagem e cultura.

À ESQUERDA: Estampas geométricas em seda drapeada como neste vestido e casaco no mesmo padrão trazem um toque modernista, ainda que sem perder a tradição clássica da Hermès.

AO LADO: Este conjunto de Lemaire da coleção outono/inverno 2011, composto por uma blusa de gola alta na cor ferrugem com calças de caxemira dentro de botas de couro, complementado por um sobretudo fluido e um luxuoso chapéu de pelo, resume tudo o que a Hermès representa: elegância discreta, tecidos da melhor qualidade e uma paleta de cores sutil e sofisticada.

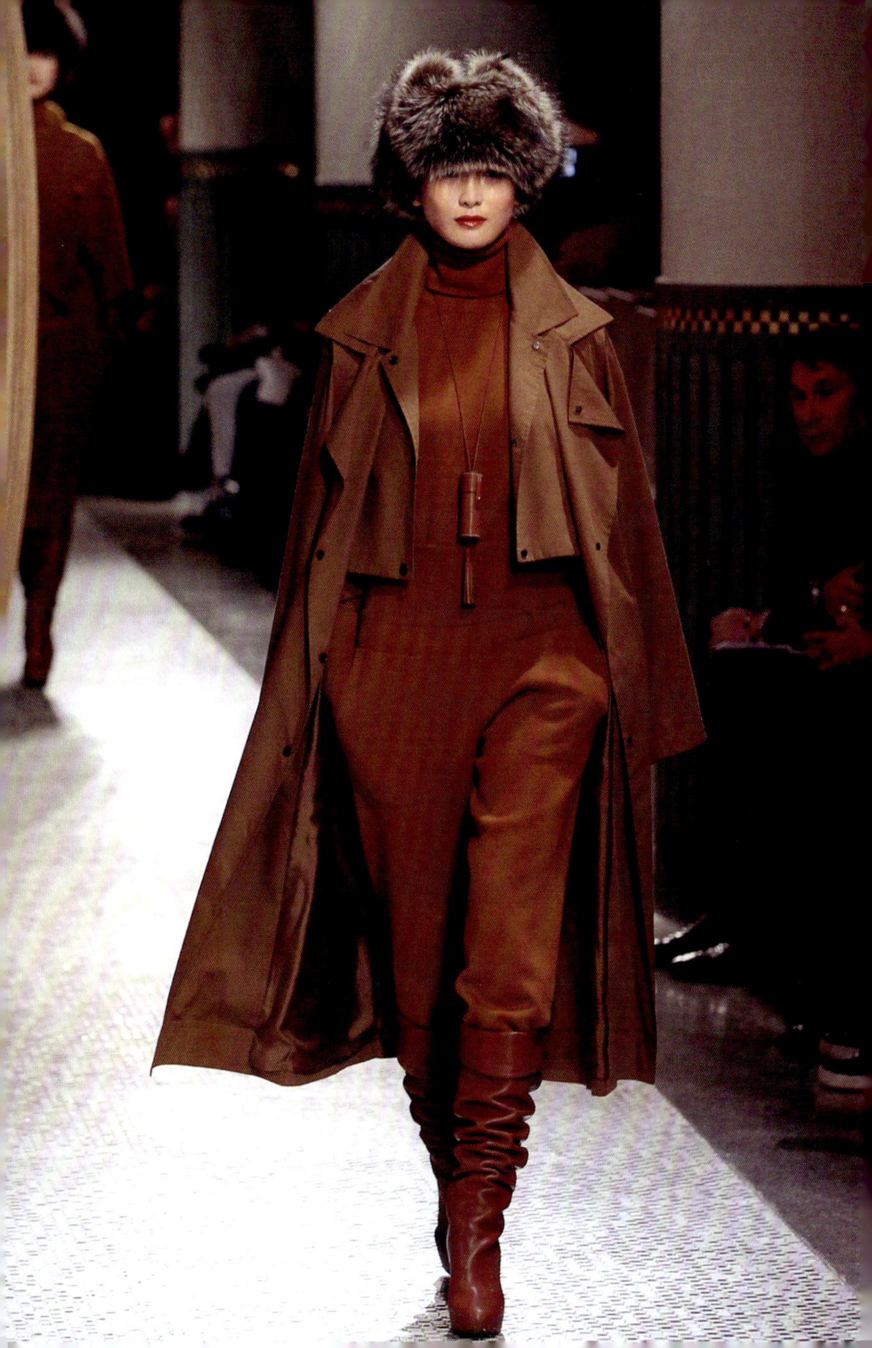

As roupas que tanto Margiela quanto Lemaire criaram para a Hermès borraram um pouco as fronteiras de gênero com seus casacos oversized, smokings e até nos acessórios. Em seu primeiro desfile, Lemaire complementou o visual das modelos com pastas executivas pequenas em vez de bolsas Birkin.

Na coleção outono/inverno 2012, Lemaire já tinha se afirmado. A androginia ainda era uma grande motivação por trás de suas peças, e a temporada exibiu casacos masculinos, ternos e sobretudos, todos, como se esperava, com uma bela alfaiataria, junto a tricôs largos, como um cardigã marrom estilo "vovô" sobre uma camisa branca, gravata e calças baggy de flanela, complementados por um chapéu preto. Tudo isso, somado ao luxo quase indecente dos tecidos, produzia um efeito sensual e discreto que apenas a mulher da Hermès aprecia de verdade.

A paixão de Lemaire por estampas ficou mais evidente nas sedas que usou nas coleções primavera/verão, transformando os designs emblemáticos de lenços da Hermès em vestidos e blusas. A elegância fluida dessas roupas era complementada com perfeição por peças de couro mais estruturadas, que também tinham protagonismo na forma de casacos elegantes e shorts e saias de alfaiataria. Essa apreciação da qualidade pictórica dos *carrés* de seda da Hermès ficou bastante evidente na coleção primavera/verão 2014 de Lemaire, em que estampas florais vibrantes estilo Rousseau fluíam em vestidos e saias. Tudo isso em uma paleta de cores de azul-petróleo e laranja, compondo o guarda-roupa de férias perfeito.

No ciclo final de coleções de Christophe Lemaire para o outono/inverno 2014 e a primavera/verão 2015, o estilista abraçou totalmente o estilo de riqueza discreta da Hermès. Aparentemente, as roupas não eram nada ostentatórias, porém, quando examinadas de perto, tecidos como chiffon de crocodilo, couro de cobra claro, pele de cabra felpuda e sedas bordadas revelavam novos ápices do luxo. Lemaire deixou a Hermès depois de ter alcançado uma sintonia quase perfeita com a marca, mas sem perder a própria personalidade.

AO LADO: Este visual da coleção outono/inverno 2012 mostra uma modelo com calças de couro fino, blusa com estampa de cobra, um casaco de pele oversized e chapéu de couro estilo equestre, carregando um falcão, em um aceno à tradição da Hermès de atender a todos os esportes aristocráticos.

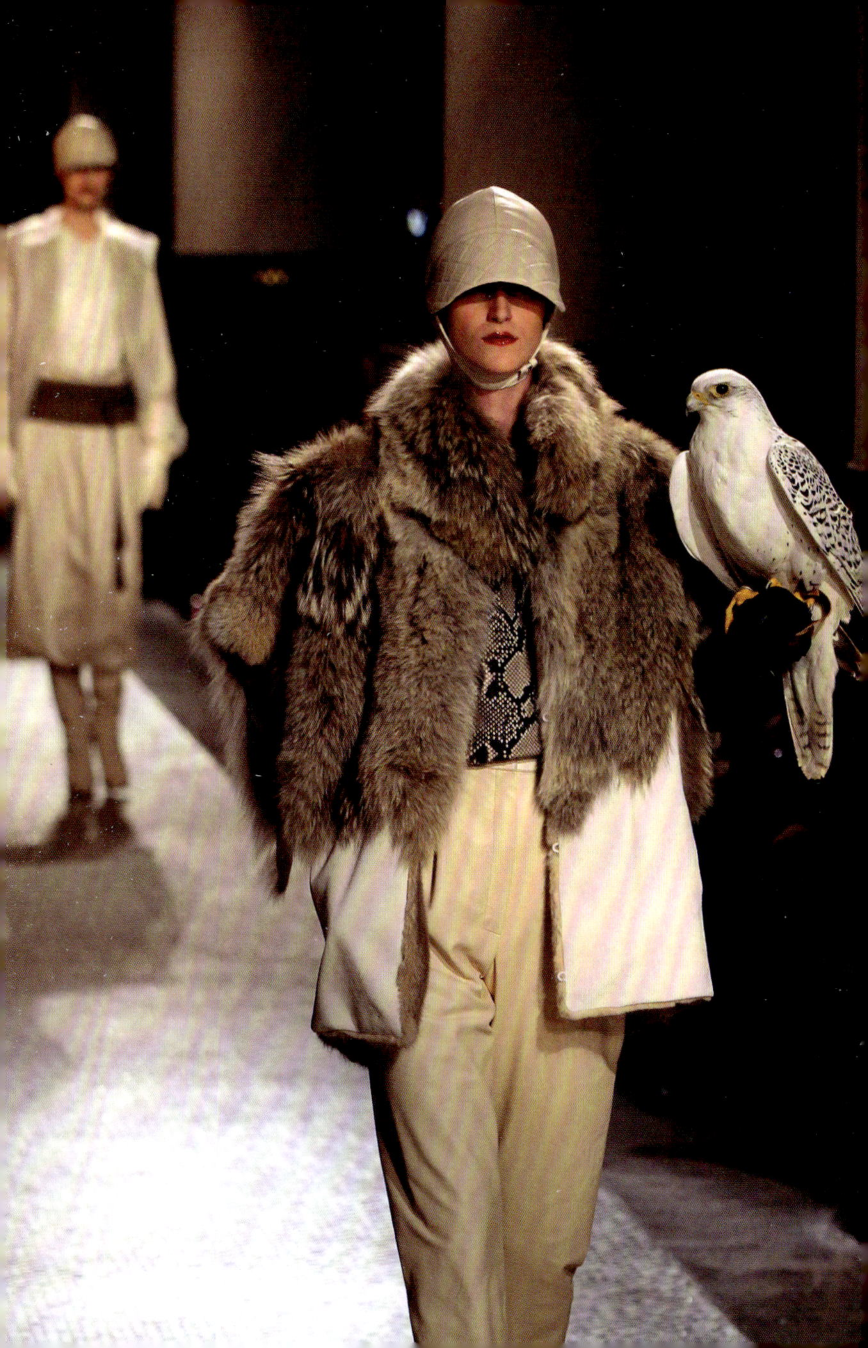

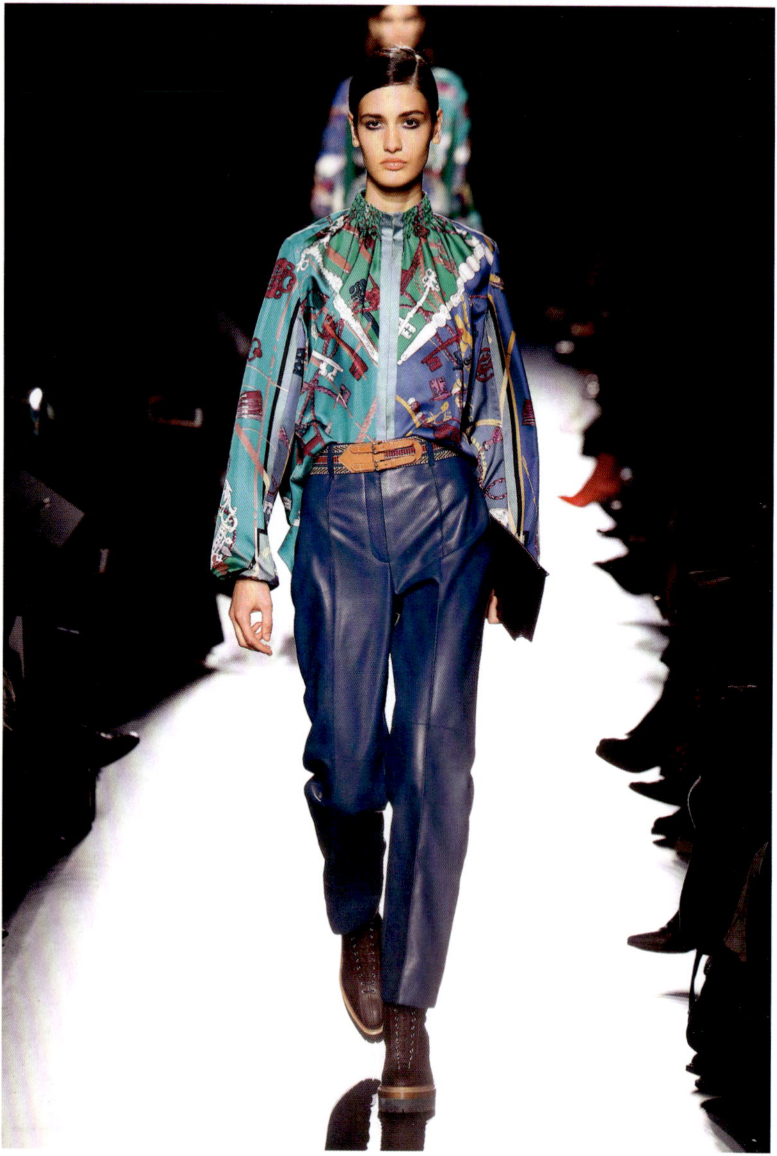

AO LADO: O reconhecimento da androginia dentro das coleções de passarela é praticamente essencial na paisagem da moda moderna, e Vanhee-Cybulski captura perfeitamente esse clima com roupas como esta combinação de calça azul de couro estilo masculino, coturno e uma blusa de seda de gola alta com uma clássica estampa Hermès. A bolsa clutch de couro é quase uma pasta executiva e completa o look.

NADÈGE VANHEE-CYBULSKI

Em junho de 2014, o papel de estilista de moda feminina na Hermès foi assumido por Nadège Vanhee-Cybulski, que permanece na casa até hoje. Apesar de ter um perfil público mais discreto, Vanhee-Cybulski tem um histórico impecável na moda. Sua posição anterior, como diretora de design na The Row, a marca de moda de Mary-Kate e Ashley Olsen, veio depois de cargos importantes tanto na Céline quanto na Maison Martin Margiela – marcas que abraçaram a mesma atenção ao detalhe e à artesania de que a Hermès se orgulha.

Ao comentar sua primeira coleção para o site visual-therapy.com, a estilista nascida na França reconheceu de imediato a importância da tradição da Hermès: "A Hermès é uma casa muito generosa que realmente respeita a criatividade. Em troca, você precisa respeitar as raízes dela, e essas raízes são equestres".

A segunda força motriz de sua coleção de estreia foi reconhecer, para o site Vogue.com, que, se você trabalha para a Hermès, "tem que trabalhar com couro".

Como Martin Margiela, Vanhee-Cybulski abraçou de imediato a sofisticação discreta da maison, ao mesmo tempo que permeava a coleção com seu próprio estilo. Entre suas criações estavam casacos e sobretudos em couro em um tom sedutor de azul de céu noturno, bem como os mesmos tons de entardecer em caxemira, com referências à tradição equestre nos detalhes. A seda também se fazia presente em homenagem aos lenços icônicos, mas como estampas em um vestido de seda ou em uma saia, em vez de como acessório. Toques de vermelho vivo anunciaram de pronto que ela era uma estilista que não temia as cores.

Diferentemente de outras marcas de moda, a essência da Hermès é a discrição, e não a ostentação. Aqueles que a escolhem sabem que estão vestindo os melhores tecidos, confeccionados com excelência artesanal, sem parecer que estão se esforçando demais para se vestir bem. Como Sarah Mower da *Vogue* comentou em uma elogiosa crítica ao desfile da coleção primavera/verão 2016 de Vanhee-

AO LADO: Ao contrário de seus antecessores, Vanhee-Cybulski não tem medo de usar cores vivas. A construção de suas roupas, contudo, é tão detalhada quanto qualquer coisa que a Hermès já tenha produzido. Aqui, para a coleção primavera/verão 2017, um couro leve e luxuoso é franzido em torno da cintura, com costuras aparentes em referência à tradição de selaria dando textura e forma às roupas.

-Cybulski, o que a Hermès oferece é "… um sentido muito calibrado de estilo que se ergue conscientemente acima das tendências".

E, mesmo nesta coleção mais esportiva, cheia de xadrezes gráficos tanto em preto e branco quanto em cores dos pés à cabeça – incluindo os tons azul elétrico, amarelo-mostarda e vermelho vivo –, o ar de elegância casual está presente o tempo todo.

Conforme a permanência de Vanhee-Cybulski na Hermès foi se estendendo, ela passou a acrescentar um toque mais fashion a suas coleções. Para a coleção primavera/verão 2017, a estilista fez referência à tendência de *revival* dos anos 1980 e, na temporada seguinte, foi a vez dos anos 1960 e 1970, mais evidentes na utilização de estampas de lenço resgatadas dos arquivos da marca. Nos últimos anos, ela variou consideravelmente suas coleções, investindo mais em sua predileção por cores e estampas xadrezes; criando uma série arejada de capas e casacos inspirados em cobertores de cavalos para a coleção primavera/verão 2018; e dando uma meia-volta na estação seguinte, em que as modelos desfilaram com uma seleção poderosa de looks inteiros de couro preto.

Depois de um filho e uma pandemia, a estilista continua oferecendo uma mistura de tradição e usabilidade, sempre mostrando a excelência dos ateliês Hermès. Do uso do avental dos primeiros artesãos da marca como inspiração para túnicas de couro excepcionais até seus casacos favoritos estilo cobertor de cavalo, blusas de gola alta e suéteres de jóquei coloridos, ela garante que a herança equestre da Hermès não seja esquecida.

Embora a Hermès continue posicionada no ápice da moda de luxo francesa, seus altos escalões debatem sobre como equilibrar tradição e tendência de uma maneira que tenha apelo à elite que pode comprar suas roupas. Vanhee-Cybulski, trabalhando ao lado de Véronique Nichanian na moda masculina, continua fazendo isso muito bem. Segundo disse à Vogue.com, ela acredita firmemente que há uma maneira de abraçar "… o classicismo como uma forma moderna de ver a vida."

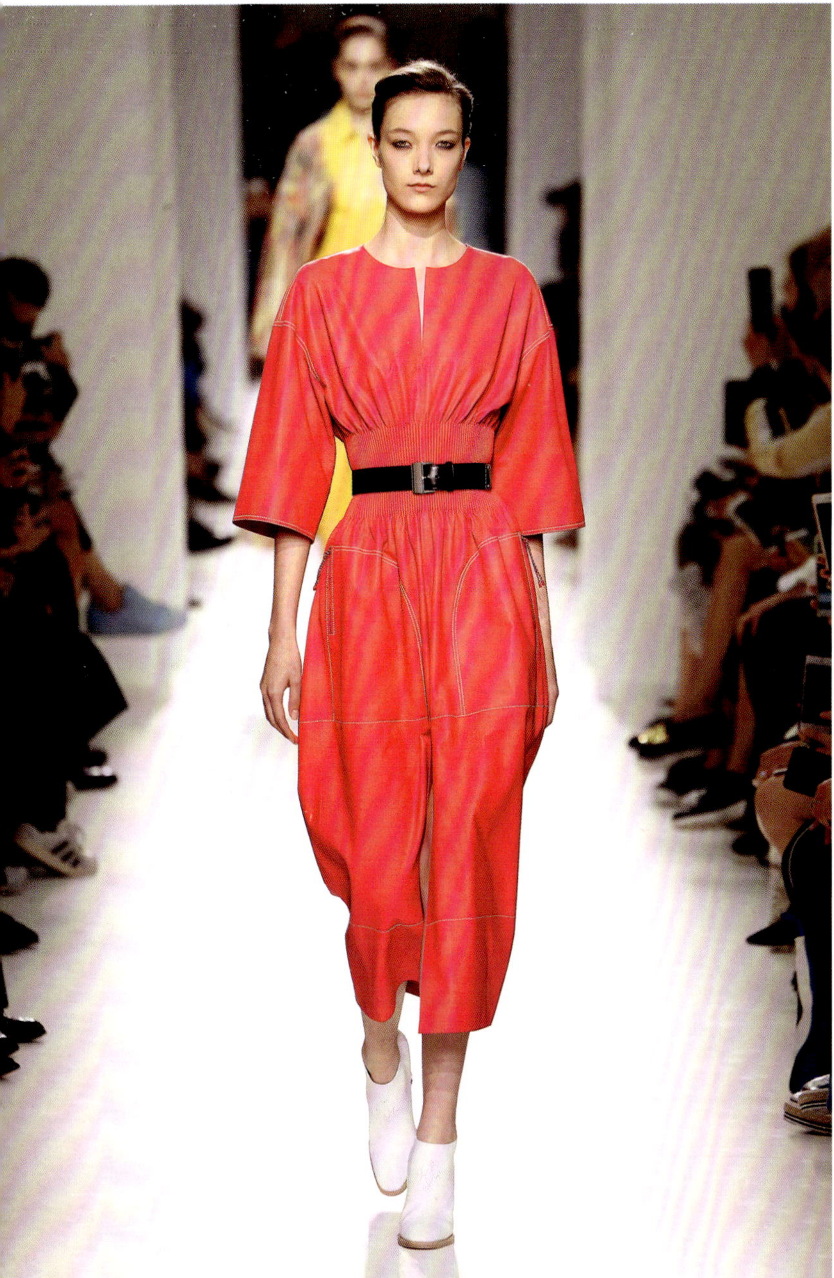

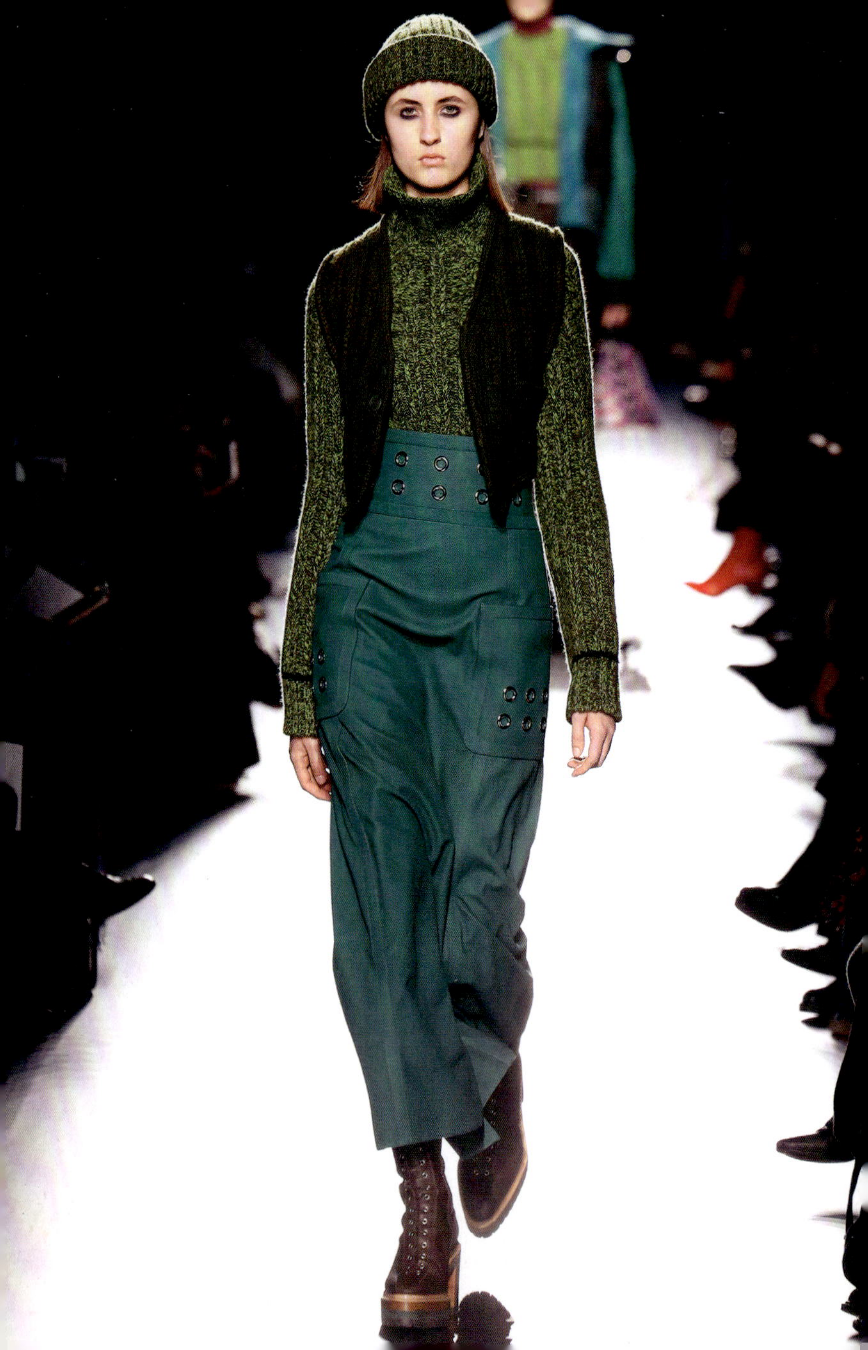

À DIREITA: Apesar dos sapatos pesados e onipresentes usados pelas modelos durante o desfile da coleção outono/inverno 2017, não faltaram estampas elegantes da Hermès, como este vestido com estampa de mãos em azul sobre vermelho.

AO LADO: Nos últimos anos, a Hermès caminhou em uma direção mais voltada às tendências da moda, com referências aos anos 1980 e ao grunge dos anos 1990, embora em uma versão mais refinada. Por exemplo, este look da coleção outono/inverno 2017 é composto de uma longa saia azul-petróleo com ilhoses grandes, combinada com uma malha de caxemira mesclada e um gorro no mesmo material. O ar cotidiano é complementado por um colete de tricô e botas pesadas.

A EVOLUÇÃO DA MODA 149

VÉRONIQUE NICHANIAN: MODA MASCULINA

Quando se fala das linhas prêt-à-porter da Hermès, há uma estilista que talvez tenha moldado a evolução da moda da marca mais do que os demais: Véronique Nichanian, diretora de moda masculina há mais de três décadas.

Em 1988, Nichanian assumiu como estilista de moda masculina da Hermès. Três décadas depois, ela continua na casa, e atualmente é a designer mais antiga de uma marca parisiense da qual não é fundadora, posição que alcançou depois da morte de Karl Lagerfeld.

ABAIXO: A Hermès é uma marca clássica, direcionada a clientes que estão dispostos a gastar milhares em roupas que duram uma vida inteira. Então o aspecto tradicional do design é importante para Nichanian. Esta combinação elegante e casual de paletó xadrez de alfaiataria e camisa estampada, calças de veludo azul-marinho e uma boina de lã justapõe os estilos rural e urbano do homem Hermès.

AO LADO: Como contraponto à alfaiataria estruturada e às peles de animais usadas com frequência em suas coleções masculinas, Nichanian inclui cores e estampas menos tradicionais, bem como silhuetas mais soltas em suas coleções de primavera/verão.

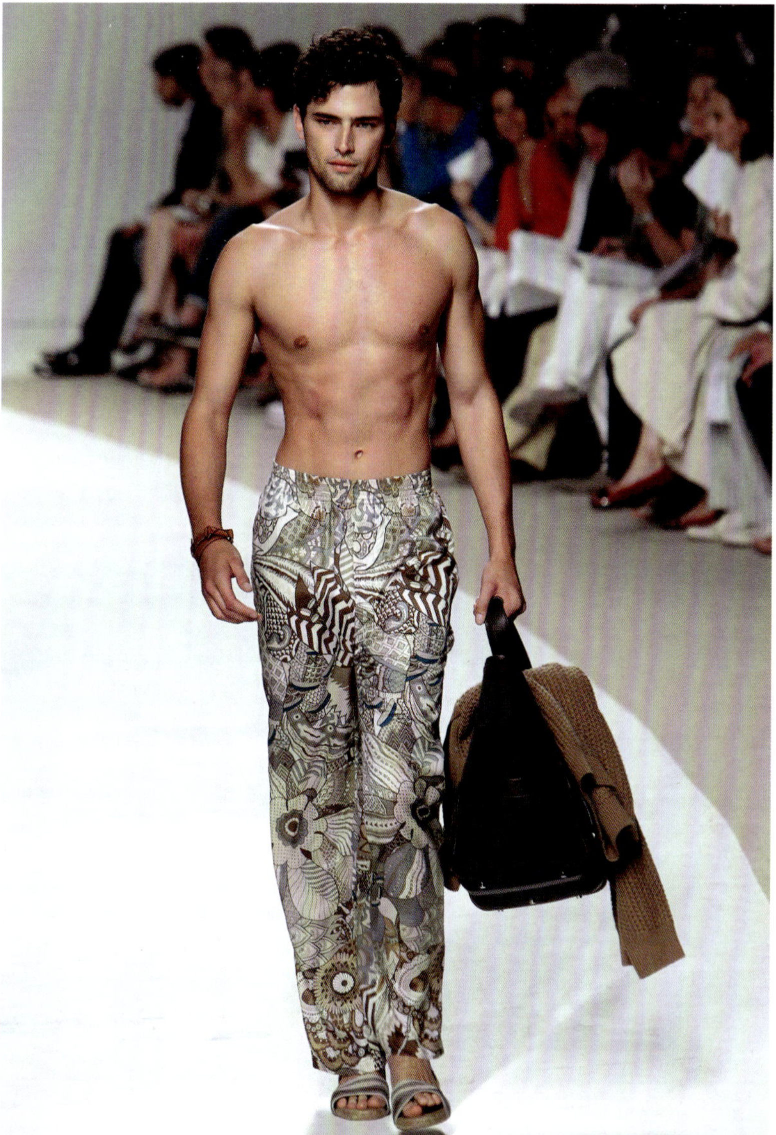

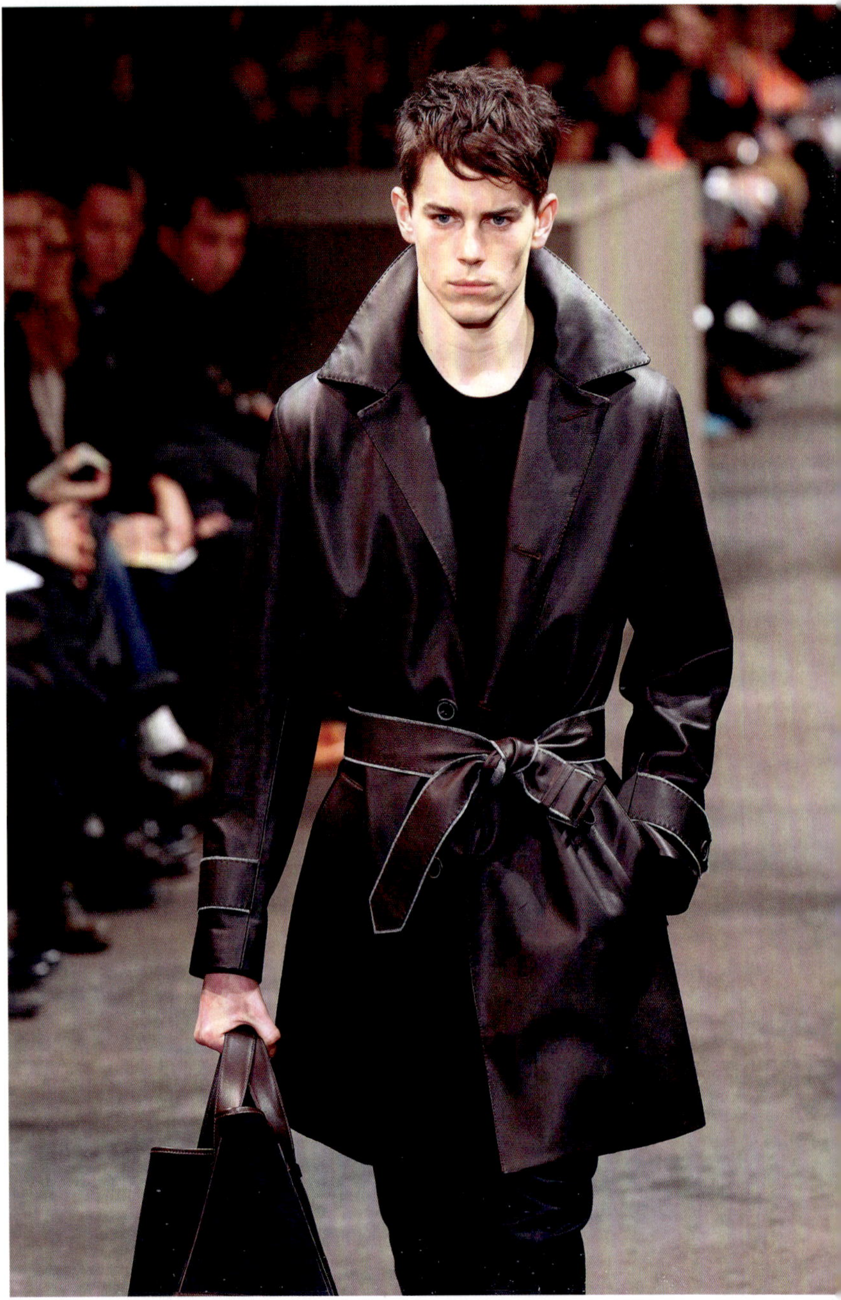

Antes de entrar para a Hermès, ela trabalhou para o estilista italiano Nino Cerruti, um apaixonado por tecidos finos, obsessão da qual Nichanian ainda compartilha. "Algumas pessoas gostam de diamantes – já eu, gosto de tecidos", ela brincou em uma entrevista ao *Financial Times* em 2020.

Os tecidos, mais especificamente as peles de animais, são um grande motivo de orgulho para a Hermès, e a casa se esforçou para ter entre seus fornecedores empresas que se preocupam com a sustentabilidade e os direitos animais. Nichanian transformou o couro e outros tecidos luxuosos em itens obrigatórios em suas coleções masculinas, em uma miríade de formas. Entre exemplos recorrentes destacam-se blazers minimalistas de corte perfeito ou sobretudos de couro com cinto, geralmente confeccionados com Barenia, um couro de bezerro marrom, macio como manteiga derretida. A cada temporada, Nichanian apresenta casacos casuais em estilos que vão do blouson ao biker, geralmente confeccionados com o couro de crocodilo característico da Hermès. A inversão do couro de carneiro é outra forma de Nichanian demonstrar a expertise da Hermès, produzindo até um macacão cor de bronze com o material para a coleção outono/inverno 2011.

Desenhar roupas que estejam à altura do estilo de vida de seus clientes é extremamente importante para Nichanian, e um exemplo disso está na alfaiataria, que é outra grande força da Hermès. Suas criações, incluindo ternos de couro e smokings de lã, têm um ar sensual sutil. Contudo, ela não se resume a roupas estruturadas, e demonstrou essa faceta com formatos mais suaves durante a última década. Em 2013, por exemplo, um

AO LADO E ABAIXO: O couro trabalhado de forma excepcional, motivo de orgulho para a Hermès, é um material onipresente nas coleções masculinas de Nichanian. Estes casacos curtos marrom-escuros trespassados em couro de carneiro da coleção outono/inverno 2010 são dois exemplos perfeitos.

ABAIXO: Véronique Nichanian foi escolhida para desenhar a moda masculina da Hermès em 1988 e continua no cargo há mais de três décadas.

couro de crocodilo azul-marinho assumiu a forma de um cardigã, e, como se isso não fosse luxuoso o bastante, a coleção também incluiu um blusão de vison que podia ser usado do avesso, que revelava uma flanela de caxemira.

Conforme a indústria da moda e as necessidades dos consumidores evoluíram, Nichanian passou a experimentar a justaposição de tecidos luxuosos, como seda e caxemira, com outros mais modernos e funcionais, entre eles o nylon, acenando às vezes para um estilo *athleisure*, composto por roupas de esporte e lazer. A força motriz da estilista francesa é sempre o estilo de seus clientes, como explicou em uma entrevista à revista masculina *GQ* em 2019:

"Como todo mundo, tenho muitas vidas. Quero roupas que sejam modernas e inteligentes. Então jogo bastante com a funcionalidade para atender aos diferentes estilos de vida dos clientes. Mas nunca perco a sensualidade e a construção, a forma como as coisas são feitas."

Ao olhar para as coleções que Nichanian apresentou ao longo desses anos, fica evidente essa atenção meticulosa para acomodar o homem da Hermès. Mais importante, as roupas são principalmente versáteis. Suas coleções outono/inverno, por exemplo, costumam trazer ternos confeccionados com perfeição, sobretudos e casacos em paletas sofisticadas de preto e cinza ou em um espectro de tons de marrom e caramelo escolhidos a dedo. As coleções primavera/verão trazem uma atmosfera mais leve com

À ESQUERDA: Ao longo da última década, Nichanian introduziu elementos de *athleisure* em suas coleções de alfaiataria mais clássicas, o que pode ser visto aqui neste desfile da coleção primavera/verão 2013.

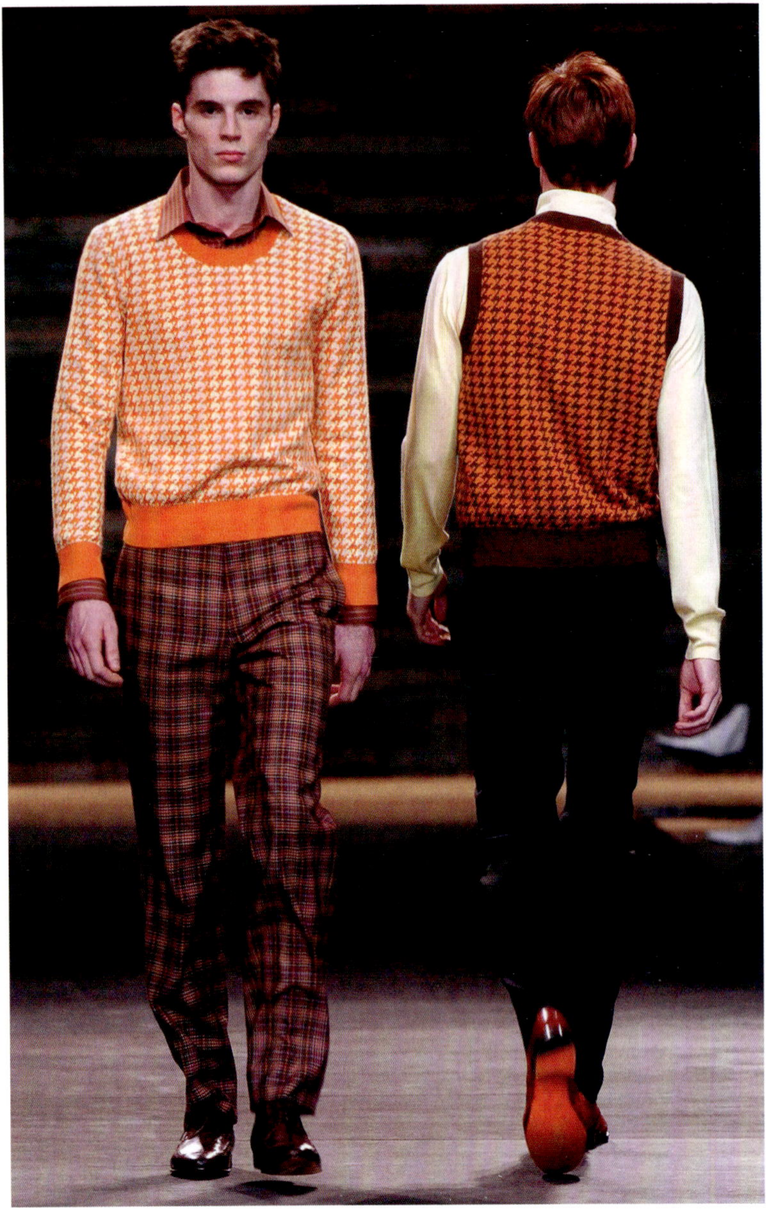

uma paleta neutra experimental com tons de branco e cinza-claro evoluída, durante sua carreira, para cores mais ousadas.

Os primeiros toques de cor, incluindo o vermelho e os ousados tons de amarelo-limão e verde da Hermès, estenderam-se para o uso de cores dos pés à cabeça, em que Nichanian apresentou ternos em uma miríade de tons de azul e color blocking nas cores bordô, laranja e rosa. As estampas também têm seu papel. O tema equestre, que é intrínseco à Hermès, aparece na forma de cavalos galopando em uma camisa de seda ou nos lenços que costumam servir de acessórios em seus looks, e, mais recentemente, em camisas listradas em tom pastel e xadrezes de verão que compõem um guarda-roupa perfeito para o viajante elegante. Não há nenhuma ameaça à masculinidade no uso do rosa aqui.

Desde o início, quando Jean-Louis Dumas deu carta branca para que Nichanian produzisse a moda masculina sozinha, ela desdenhou do apelido de "marca de luxo" tanto usado para se referir a Hermès. Segundo ela declarou ao *Financial Times*: "Durante muitos anos, odiei esse mundo de luxo, porque não significa nada... Este mundo é excessivo. Estamos fazendo coisas bonitas e de qualidade. O que é o luxo hoje? É apenas ser profundamente honesto no que você está fazendo".

Da mesma forma, ela não olha nos arquivos da Hermès, uma vez que não gosta do conceito de roupas clássicas e sempre prefere desenhar para os dias atuais. No entanto, como seus contemporâneos da moda feminina, Nichanian sempre reconhece que suas roupas precisam atingir um equilíbrio entre a longevidade pela qual a Hermès é renomada e a atualidade do mundo da alta moda em que a marca habita. Sua declaração para a *GQ* resume bem esse apelo antigo da Hermès: "Quando você compra algo caro, é importante que sejam peças que durem bastante. E esta é a qualidade da Hermès. Ela se torna parte da sua vida. Não é clássica ou tradicional, é moderna e relevante para o seu estilo de vida".

AO LADO: O imaginário esportivo é uma parte importante da história da Hermès, ilustrado aqui com estas malhas e calças estilo golfe nas cores tradicionais da casa.

ÍNDICE

Os números de páginas em itálico referem-se a legendas.

acessórios *8, 13*
Ahr, Jay 112
androginia 142, *145*
aparelhos de jantar *39*
Arnaud, Auguste 92
Arnault, Bernard 44
arquitetura 50-52, *52*
Art of Living *42*
athleisure 154, *155*

B, Cardi 112, *112*
baús *22*, 24
Beaumel, Annie 45, 47, 100
Beckham, Victoria 65, 67, 104
Bergère, Eric *117*, 118, 121
Bertrand, Evelyne 70, *73*
Birkin, Jane 8, 41-2, *42*, 65, *67*, 68, 101, 104, 112
Blanks, Tim 139
bolsas 7, 14, *15*, 17, 24, 25, 57, 58, *59*, *60*, 68-9, *69*
  Birkin 8, 42, 60, 65-8, *65*, *67*, 3, *103*, 108, *108*, *110*, 112, *112*, 134
  Bolide 70, *73*
  Constance 69, *70*, 101
  Croco 104
  Cruise *77*
  Diamond Himalaya 57, *57*
  Escale *77*
  Evelyne 70, *73*
  Halzan 73
  Haut à Courroies 57, 58
  Herbag 73, *74*
  Jige 74, *74*
  Kelly 8, 29, 58-60, *60*, *63*, 68, 134
  Lindy 73, 74
  Sac à Dépêches 100
Brides de Gala, estampa 83
Brio, Le 67
Bugatti Royale 22, 25

Calèche 32, *32*
Cape Cod relógio 125
carrés 29, 81, 85
Cassandre, A. M. 85, *85*
Chaillet, Catherine 69
Chaîne d'Ancre, linha 29
Chanel, Gabrielle 22
Cole, Lily *137*
Condo, George 108
Corbusier, Le 24
cores vivas *146*
couro 26
cristais *39*, 41, 52
Cuir d'Ange 32
Cyrus, Miley 108

D'Origny, Henri 100, 125
Dallet, Robert 41
Debo, Kaat 121
Dietrich, Marlene *105*
Dreux, Alfred de 30
Duc Attelé, Groom à L'Attente, Le 30
Dumas-Hermès, Robert (genro de Émile) 24, 29, 34, 45
Dumas, Axel 52
Dumas, Jean-Louis (tetraneto) 34, 39-42, *41*, 47, 50, 65, 68, 86, 87, 103, 118, 121, 157
Dumas, Pierre-Alexis 7, 52-3
Dumas, Rena 50-52, *51*, *52*
Dumas, Robert 58, 81, *82*, 83, 84, 85, 92

Eau d'Hermès 32, *32*
Eau d'Orange Verte 47, 50
Elizabeth II, rainha *100*
Ellena, Jean-Claude 32, *34*, 50
espartilhos *137*
equestre 129, 130, *130*, 133
estampas 157
estampas geométricas *140*
Eugênia, imperatriz 14, 97, *97*
Evangelista, Linda 130, *130*
Ex Libris, estampa 83

Faivre, Annie 87
Financial Times 153, 157
Frank, Jean-Michel 24

Gaga, Lady 108, *110*
Gaultier, Jean Paul 8, *8*, 40, 129-34, *130*, *137*, 139
GQ 154, 157
grunge 149
Grygkar, Hugo *81*, 82, *82*, 83, *83*, 84
Guerrand, Jean-René *32*, 32
Hepburn, Audrey *7*, 100, 101

Hermès, Adolphe (neto) 17, 21, 22
Hermès, Charles-Émile (filho) 13, 14, 17, 57, 97
Hermès, Christine (esposa) 13
Hermès, Émile (neto) 17, 21-2, *21*, 22, 27, 29, 70, 81, 92
Hermès, Thierry 7, 13, 14, *14*, 68, 97
Holly, Al-Baseer 108

Independent, The 98-100
interiores 50–52, *52*

jaqueta, couro golfe 22

Kardashian, Kim 104, *108*
Kelly, Grace 58, 60, *60*, *91*, 100, *103*, 118
Kennedy, Jackie 70, 100
King, Bill 118
Krefeld 13

Ledoux, Philippe 84-5, *84*, *89*
Lemaire, Christophe 8, 139-42, *139*, *140*
lenços 118, 134, 142
    Chasse en Afrique, La 84
    Cheyennes, Les *87*
    Combats des Coqs 84
    Comédie Italienne, La 85
    Cosmos 85, *89*
    Faune et Flore du Texas, La 87
    Littérature 85
    produção 90-92, *91*
    Mineraux *83*
    Napoléon *84*, 85
    Pégase d'Hermès, Le seda *88*
    Perspective 85
    Pony Express *87*
    Traite des Armes *82*

Lobb, John 40
logotipo 30, *30*
lojas 25, *27*
LVMH 44

malas *17*
Margiela, Martin 8, 121, *121*, 122, *122*, 125, *125*, 129, 139, 142
Margiela: os Anos na Hermès, exposição 121, *125*
mata-borrão em xadrez tartan 100
Menchari, Leïla 32, 34, 45-50, *45*, *47*
mesa 41
moda feminina 118, 121, *121*
moda masculina 150, *150*, 153, *153*, 154, *154*
Monte Carlo *105*
Moss, Kate 104, *107*
Mower, Sarah 145-6
Museu Cooper Hewitt *42*
Museu de Moda MoMu 121-2, 125

nécessaire *77*
New York Times 40, 117, 118, 139
Nichanian, Véronique 8, 146, 150-57, *153*, *154*, *155*
Nicolau II, tsar da Rússia (imperador) *98*

O'Connor, Erin *133*
Oliver, Kermit 87, *87*
Olsen, Ashley 104, *107*
Olsen, Mary-Kate *107*
Osbourne, Kelly 112

Palermo, Olivia *74*, *92*
perfumes 30-4, *32*
Phelps, Nicole 134
Pont-Audemer 13

ponto de sela 14, *14*
prata, Puiforcat 40, 52
pulseira, Collier de Chien 8, 26-7, *29*

Riss, Jonathan 112
Robert, Guy 32, *32*
Roudnitska, Edmond 32, *32*
Royal Windsor Horse Show 100, *100*
Rue Basse-du-Rempart 13
Rue du Faubourg Saint-Honoré 17, 47, 50, 97

Sanz, Bernard *117*, 118
Savy, Aimé 92
Schürrle, Anna *70*
selaria *17*, 22
Shirley, Alice 87

Tatersale 100
tecidos 7, 47, 58, 117, 118, *118*, 121, 125, 129, 130, *140*, 142, 145, 153, 154
Teigen, Chrissy *110*
Teigl, Karin *63*
Terre d'Hermès 32
Thee Stallion, Megan 112
Thomas, Patrick 52

Vanhee-Cybulski, Nadège 8, 145-6, *145*, *146*
Vanity Fair 39, 40
vareuse 125, *125*
Vogue 47, 82, 121, 125, 129, 134, 139, 145-6
vogue.com 145, 146

Wall Street Journal, The 52
Wek, Alek *129*
West, Kanye (Ye) 108, *108*
Windsor, duque e duquesa de (rei Edward VIII) 22, 98-100, *98*

CRÉDITOS

Os editores gostariam de agradecer às seguintes fontes por sua gentil permissão para reproduzir as imagens neste livro:

Imagem cortesia dos Arquivos de Publicidade: 23

Alamy: Everett Collection Inc 60, 107; Peter Horree 38; incamerastock 96; John Frost Newspapers 99; PictureLux/The Hollywood Archive 6; Pictorial Press Ltd 98; Vladyslav Yushynov 30; Zuma Press Inc 17

Bridgeman Images: PVDE 33; © Christie's Images 15, 65; Leonard de Selva 16, 24-25; Lebrecht History 12

Getty Images: MEGA 113; Archivo Cameraphoto Epoche 43; Robyn Beck 67; Bettmann 91; Thomas Coex 123; Jean-Claude Deutsch 42; Marc Deville 14; Francois Durand 136; Estrop 144, 147, 148, 149; James Eyser 31; Tristan Fewings 64; Gotham 93, 111; Francois Guillot/AFP 128, 131, 151, 154, 155; Keystone-France 26; Jason LaVeris 28-29; Isaac Lawrence/AFP 56; Neil Mockford 106; Jeremy Moeller 62, 71; Max Mumby/Indigo 101; Jeff Pachoud 69; Eric Piermont 90; Marc Piasecki 66; Popperfoto 61; Anne-Christine Poujoulat/AFP 35; Ben Pruchnie 75; Reporters Associes 104-105; Roger Viollet Collection 102; Joel Saget 120, 124; Jun Sato 110; Pierre Suu 109; ullstein bild 41; Pierre Vauthey 122; Pierre Verdy/AFP 9, 132, 133, 135, 137, 138, 140, 141, 150, 152, 153; Christian Vierig 72; Kasia Wandycz 52

© Guillaume de Laubier: 45, 46-47, 48-49, 51

Kerry Taylor Auctions: 20, 59t, 59c, 59b, 63, 70, 73, 74, 76t, 76b, 78, 80, 83, 84, 85, 86, 88, 89, 103, 116, 119

Mary Evans: © Illustrated London News Ltd 32

Shutterstock: Nat Farbman/The LIFE Picture Collection 27; Claude Paris/AP 156; Yannis Vlamos/Sipa 126-127

Topfoto: Roger-Viollet 82